Gabriela Fasciglione
Carlos A. Barassi

"Azospirillum": un eficaz atenuante del estrés salino en lechuga

Gabriela Fasciglione
Carlos A. Barassi

"Azospirillum": un eficaz atenuante del estrés salino en lechuga

PUBLICIA

Impressum / Aviso legal
Bibliografische Information der Deutschen Nationalbibliothek: Die Deutsche Nationalbibliothek verzeichnet diese Publikation in der Deutschen Nationalbibliografie; detaillierte bibliografische Daten sind im Internet über http://dnb.d-nb.de abrufbar.

Información bibliográfica de la Deutsche Nationalbibliothek: La Deutsche Nationalbibliothek clasifica esta publicación en la Deutsche Nationalbibliografie; los datos bibliográficos detallados están disponibles en internet en http://dnb.d-nb.de.

Coverbild / Imagen de portada: www.ingimage.com

Verlag / Editorial:
PUBLICIA
ist ein Imprint der / es una marca de
OmniScriptum GmbH & Co. KG
Bahnhofstraße 28, 66111 Saarbrücken, Deutschland / Alemania
Email / Correo Electrónico: info@omniscriptum.com

Herstellung: siehe letzte Seite /
Publicado en: consulte la última página
ISBN: 978-3-8416-8359-5

Zugl. / Aprobado por: Facultad de Ciencias Agrarias. Universidad Nacional de Mar del Plata

DEDICATORIA

A **Matías**, por su amor incondicional, por ser mi sostén, por acompañarme y estar siempre presente sin pedir nada a cambio.

A mis hijos **Manuel** y **Camilita**, por esperarme sin cuestionamientos, por regalarme día a día los abrazos más nobles y las miradas más sinceras que jamás había recibido.

A **Mamá** y **Papá**, por inculcarme que en la vida no hay logros sin esfuerzos y que no hay caída de la que no me pueda levantar.

A mi hermana **Silvina** por ser desde niñas para mí un ejemplo de perseverancia.

A **Carlos Barassi** por transmitirme pacientemente su experiencia, pasión y organización en torno a la forma de hacer investigación y por haber sembrado en mí el deseo de permanecer en este camino en el cual él me permitió ingresar.

A **Sara Roura** por su fortaleza, ejemplo de vida y de motivación.

"Ponerse en movimiento es importante, pero lo más importante es mantener el entusiasmo inicial, persistir y no rendirse a pesar de las dificultades."

Paulo Coelho.

INDICE

ÍNDICE DE TABLAS

ÍNDICE DE FIGURAS

INDICE DE ABREVIATURAS Y SIGLAS

AA: actividad antioxidante (% de inhibición oxidativa)

AD: agua destilada.

AASC: contenido de ácido ascórbico

APX: ascorbato peroxidasa.

C: tratamiento “control” de las semillas ó sin inocular.

CAT: catalasa.

$CClf_T$: contenido de clorofila total.

CRA: contenido relativo de agua

E_X: porcentajes de emergencia (x: 5, 10, 15, 20 dds)

EG: energía germinativa.

DO: densidad óptica.

Evaluación global visual (EVG)

FT: Fenoles totales

Fv: flavonoides totales.

I: tratamiento “inóculo” de semillas con 10^9 células de A. brasilense.$semilla^{-1}$

IP: intensidad de pardeamiento DPPH: radical libre 2,2 difenil-1-picrilhidrazilo

ISTA: international seed testing.

L: Luminosidad

NMP: número más probable de células de *A. brasilense* SP 245.

OVQ; del inglés Overall Visual Quality),

RC: rojo congo

SOD: superóxido dismutasa.

PFA: peso fresco aéreo

PG: poder germinativo.

G-POX: guayacol peroxidasa.

PS: Peso seco.

PSA: peso seco aéreo.

PSR: peso seco de raíces.

PT: peso turgente.

TAN: tasa de asimilación neta.

TCR: tasa de crecimiento relativa.

TOR: Tasa de oxidación relativa.

UFC: unidades formadoras de colonia.

VMG: Velocidad media de germinación.

VTI: volumen total de imbibición.

RESUMEN

Los consumidores actuales son conocedores de los beneficios que aporta a su salud una dieta rica en frutas y hortalizas, instaurando a nivel mundial una tendencia en el aumento del consumo de vegetales de hoja, entre ellos la lechuga. Por otro lado, la salinización de aguas y suelos es uno los principales estreses abióticos a los que la producción agrícola se enfrenta, siendo la lechuga definida como un vegetal relativamente sensible a la salinidad.

El objetivo de este trabajo fue determinar si la inoculación con *Azospirillum brasilense* Sp245 mejora el establecimiento del cultivo, el rendimiento, la calidad nutricional y comercial del producto y/o el comportamiento post-cosecha, en *Lactuca sativa* cv. Elisa sometida a estrés salino y de trasplante, involucrando en ello mecanismos asociados a la actividad antioxidante.

Mediante bioensayos realizados en cámara de crecimiento sobre láminas de papel y sustrato soporte, se determinó la concentración óptima de *A. brasilense* a introducir en la semilla, que fuese capaz de optimizar el proceso de germinación de *L. sativa* bajo condiciones de salinidad. Luego se estudió si el eventual efecto positivo de la inoculación se reiteraba en condiciones de invernadero y se prolongaba hasta el momento previo al trasplante. Este último puede representar para la planta un estrés abiótico, por lo tanto se indagó bajo condiciones de crecimiento normales y de salinidad si *Azospirillum* mejoraba la calidad de los plantines y si ejercía algún efecto paliativo del estrés de trasplante en combinación con el salino. El estudio anterior se extendió hasta la cosecha y además, se investigó si los atributos de calidad nutricional y comercial eventualmente logrados por la inoculación con la bacteria, podrían preservarse durante el tiempo de guarda post-cosecha del producto.

A fin de conocer los posibles efectos de la inoculación sobre la lechuga desarrollada bajo condiciones normales y de salinidad, se determinaron en total los siguientes parámetros: energía germinativa y poder germinativo (EG y PG); emergencia de cotiledones (E_4, E_5, E_{10} y E_{15}); velocidad media de germinación (VMG); pesos fresco y seco aéreos (PFA); peso seco radical (PSR); número de plántulas con hojas verdaderas (PHv); área foliar; contenido relativo de agua (CRA); contenidos de clorofila total ($CClf_T$) y de sus componentes (Clf_a y Clf_b); tasas de crecimiento relativo (TCR) y de asimilación neta (TAN); tasa de supervivencia de las plantas a cosecha; capacidad secuestrante de radicales libres (CSRL); contenido de fenoles totales (FT) y de flavonoides (Fv); contenido de ácido ascórbico (AASC); actividades de las enzimas antioxidantes superóxido dismutasa (SOD), catalasa (CAT), ascorbato peroxidasa (APX) y guayacol peroxidasa (G-POX); tasa de oxidación relativa (TOR); calidad visual global (CVG); y parámetros cromatométricos (Hue, Chroma y L).

A priori se demostró que la inoculación de semillas de *L. sativa* con *A. brasilense* promovía la germinación a 0, 40 y 80 mM NaCl. Sin embargo, los mayores incrementos se manifestaron en las semillas inoculadas con 10^9 células de *A. brasilense*.semilla^{-1}, adoptándose por lo tanto esta concentración de células en el inóculo como el estándar para los experimentos posteriores. Desde la germinación hasta el establecimiento definitivo de los plantines, las plántulas de *L. sativa* surgidas de semillas inoculadas con *A. brasilense* Sp245 tuvieron un crecimiento superior a las controles, tanto bajo condiciones de crecimiento normales como de estrés salino. En efecto, durante esta etapa de desarrollo aumentaron la EG y las emergencias de los cotiledones desde los 4 a los 15 días desde la siembra (E_4, E_5, E_{10} y E_{15}); la VMG; el área foliar; el PHv; el PFA; el PSA; y el PSR.

En el momento previo al trasplante, las plántulas provenientes de semillas inoculadas con *Azospirillum* presentaron una evidente promoción del crecimiento aéreo y radical y mejora de la calidad bajo el punto de vista del $CClf_T$ independientemente del nivel de estrés salino aplicado. Sin embargo, las plántulas C e I cultivadas a 80 mM de NaCl presentaron muy bajo porte y aspecto clorótico, características que imposibilitarían su destino comercial. Por lo tanto, se tomó la decisión que de aquí en más los estudios en invernadero destinados a evaluar los efectos de la inoculación de *L. sativa* con *A. brasilense* Sp245 serían efectuados a dos niveles de salinidad: 0 y 40 mM de NaCl. En cuanto al estado oxidativo, el estrés salino aumentó la actividad antioxidante total en las plantas C y en las I a los 10 dds, como así también la CSRL al momento previo al trasplante. En esta etapa también aumentaron los contenidos de FT y Fv en las plantas C e I.

Como contrapartida, únicamente en las plantas crecidas a 0 mM NaCl la inoculación con *Azospirillum* aumentó la CSRL y el contenido de FT. Así, la respuesta provocada por el estrés salino no fue modificada por la inoculación previa con *Azospirillum*. Esto podría estar indicando que la plántula sería capaz de contar en sus primeros estadios de crecimiento con la capacidad de aumentar su potencial antioxidante en respuesta al estrés salino. Con respecto a las actividades enzimáticas, el estrés salino aumentó las actividades SOD, APX, CAT y G-POX en las plantas C pero no las modificó en las I. A su vez, la inoculación incrementó estas actividades a 0 mM NaCl pero no las modificó a 40 mM NaCl. Independientemente de ello, el efecto promotor de *Azospirillum* sobre el crecimiento de la lechuga creciendo bajo condiciones normales concordó con un aumento tanto de la actividad antioxidante total; de la CSRL y el contenido de FT; como de las actividades SOD, APX, CAT y G-POX. Se abre así el interrogante de si un mejor estado antioxidante inducido por la bacteria en la planta podría ser parcialmente responsable del mecanismo de acción de la misma en promover el crecimiento bajo condiciones de cultivo no estresantes.

Luego del trasplante, en las plantas de lechuga crecidas a 0 mM NaCl e inoculadas con *Azospirillum*, los valores de TCR y TAN no mostraron diferencias significativas con las no inoculadas. Esto estaría indicando que en lo que a estos parámetros concierne, la bacteria no ejerce efecto en relación con el estrés de trasplante. Sin embargo, en las plantas crecidas a 40 mM NaCl, *Azospirillum* promovió mayores TCR y TAN que en las controles no inoculadas, con lo que la bacteria contribuiría a mejorar el crecimiento de la lechuga sometida al doble estrés salino-trasplante.

Por otra parte, el $CClf_T$ disminuyó luego del trasplante debido a la salinidad mientras que aumentó como consecuencia de la inoculación. Con respecto a la situación oxidativa, el estrés salino-trasplante: disminuye la CSRL; aumenta el contenido de FT y disminuye el de Fv; aumenta el contenido de AASC; aumentan las actividades APX, CAT y G-POX a 0 pero no a 40 mM NaCl. Por su parte, la inoculación: aumenta la CSRL y los contenidos de Fv y AASC; aumenta las actividades APX, CAT y G-POX a 0 pero no a 40 mM NaCl. En suma, la CSRL disminuye luego del trasplante mientras que independientemente del estrés, esta capacidad aumenta con la inoculación. Igual respuesta pudo observarse en lo que respecta al contenido de Fv. La determinación del contenido de FT no permitiría explicar este efecto ni tampoco las actividades APX, CAT y G-POX.

Por otra parte, los resultados obtenidos permitieron evidenciar a cosecha una mayor supervivencia de las plantas inoculadas que las controles, tanto cuando el crecimiento tuvo lugar bajo condiciones normales como de estrés. En particular, la mayor tasa de supervivencia en las plantas I que las C cuando ambas han crecido a 0 mM NaCl estaría indicando que *Azospirillum* es capaz de paliar el efecto negativo del estrés de trasplante solamente. Además, considerando los datos experimentales de biomasa y tasa de supervivencia obtenidos a cosecha, representarían un incremento en los rendimientos teóricos a favor de la inoculación.

A cosecha, la CVG determinada por un panel de expertos indicó una caída de la misma en las plantas sometidas a estrés salino mientras que mejoró considerablemente en las inoculadas. Los puntos más salientes que contribuyeron a este promedio fueron la textura y el color. La mayoría de los cambios sensoriales debidos al estrés o a la inoculación estuvieron acompañados de tendencias similares en los parámetros cromatométricos determinados. Así, los resultados obtenidos mostraron un color más deteriorado en el producto generado a partir de la lechuga crecida bajo condiciones de estrés salino. Sin embargo, la inoculación con *Azospirillum* contribuyó a una mayor retención del color tanto a cosecha como luego de 20 días de almacenamiento post-cosecha.

El superior desarrollo radical inducido por la bacteria tanto en condiciones normales como de estrés acompañó a los incrementos en la biomasa aérea y el CRA a cosecha, parámetros que siguieron elevados por sobre las plantas C durante el almacenamiento posterior del producto. Independientemente de la inoculación, el contenido de clorofila total en la porción aérea disminuyó desde la cosecha hasta los 10 días de almacenamiento (ddc) posterior, manteniéndose luego constante a los 20 ddc. Esta evolución del $CClf_T$ en post-cosecha se debió principalmente a la Clf_b. Por el contrario e independientemente del factor estrés, las plantas inoculadas con *Azospirillum* tuvieron durante todo el período de almacenamiento del producto, un aumento significativo del $CClf_T$ con respecto a las no inoculadas. Aquí la Clf_a se elevó hasta los 10 ddc, mientras que la Clf_b lo hizo durante todo el período. Los resultados obtenidos con relación al $CClf_T$ desde el crecimiento inicial hasta el trasplante y desde el trasplante a cosecha estarían indicando que el efecto promotor del $CClf_T$ debido a la inoculación con *Azospirillum* se mantiene aún cuando la planta haya sido sometida solamente al estrés salino o a la suma estrés salino-trasplante. Tanto el estrés como la inoculación aumentaron el contenido de AASC hasta la cosecha, pero en post-cosecha este disminuyó en las plantas estresadas (independientemente de la inoculación), no así en las inoculadas (independientemente del estrés). Con respecto a la situación oxidativa, mientras el estrés salino-trasplante-corte mantuvo sin cambios la actividad antioxidante (expresada como inhibición de la tasa oxidativa) en las hojas de lechuga almacenadas durante 10 días, la inoculación con *Azospirillum* la aumentó. Bajo las mismas condiciones experimentales, el índice de pardeamiento se mantuvo constante en el producto no inoculado pero disminuyó en las inoculadas. Así, los resultados obtenidos con respecto a la inhibición de la tasa oxidativa y el índice de pardeamiento en lechuga almacenada durante 10 días, podrían en conjunto sustentar la plausible acción de *Azospirillum* en contrarrestar los efectos negativos de la oxidación post-cosecha.

Palabras claves: *Azospirillum brasilense*, *Lactuca sativa*, salinidad, crecimiento, trasplante, sistema antioxidante y post-cosecha.

ABSTRACT

(La versión del resumen en inglés se incorporará en la versión final de la Tesis luego de haber recibido las sugerencias de los evaluadores).

1. INTRODUCCION

La ingesta de alimentos por el ser humano muestra una tendencia hacia el aumento en el consumo de frutas y hortalizas de elevada calidad nutricional (Lester, 2006), entre ellas las hortalizas de hoja (Rediers et al., 2009). Los consumidores son conocedores de los beneficios que aporta a su salud una dieta rica en frutas y hortalizas. La presencia de compuestos con propiedades antioxidantes que atenúan el daño oxidativo a nivel celular ha permitido relacionar a estos alimentos con la prevención de ciertas patologías (Block et al., 1992).

Por otro lado, la salinización de aguas y suelos y la sequía son los principales estreses abióticos a los que la producción agrícola se enfrenta (Drinkwater and Snapp, 2007). El uso de inoculantes en base a microorganismos promotores del crecimiento vegetal (en inlgés PGPM) ofrece interesantes perspectivas en cuanto al aumento de la producción vegetal. Dentro de las PGPM, *Azospirillum spp.* es capaz de colonizar una amplia gama de especies vegetales y mejorar la performance de la planta (Michiels et al., 1989; Bashan and Holguin, 1997; Bashan et al., 2004) tanto bajo condiciones de crecimiento normal como de estrés abiótico (Creus et al., 1997; Casanovas et al., 2003; Barassi et al, 2006; Singh et al., 2011). Una problemática planteada en los cultivos intensivos es la necesidad de importantes niveles de agua, fertilizantes y labranzas permanentes (Costa y Aparicio, 1999).

En el cultivo de especies hortícolas, la producción en invernadero de plantines que serán trasplantados al campo es una técnica que tiende a sustituir la siembra directa de semillas en el campo (Kadayyfcy et al., 2004). Se ha generado información sobre el efecto protector del estrés de trasplante que ejerce en lechuga su previa colonización con *Azospirillum* (Fasciglione et al., 2012); si bien hay datos que apuntan a la posibilidad de proteger las hortalizas de daños oxidativos mediante la inoculación previa con PGPMs (Nautiyal et al., 2008), se desconoce el grado de relevancia que podría tener *A. brasilense* en incrementar el potencial antioxidante de *L. sativa* expuesta a estrés salino y en retardar el deterioro debido al almacenamiento post-cosecha del producto. Considerando que esta posibilidad implicaría además aumentar en lechuga la concentración de compuestos beneficiosas para la salud humana (Kim et al., 2008; Oh, 2009), la inoculación no solamente podría contribuir a mitigar determinados estreses abióticos sino también a mejorar la calidad nutricional intrínseca de la planta.

1.1 Aspectos generales del cultivo de lechuga y su relevancia como alimento en la nutrición humana.

La lechuga es nativa del mediterráneo y su cultivo data desde hace unos 6.500 años en Egipto, donde se prensaban sus semillas para la extracción de aceite. Luego los antiguos griegos y romanos incorporaron sus hojas a la dieta bajo forma de ensaladas (Romani et al., 2002). Es una planta herbácea, anual y autógama perteneciente a la familia de las *Asteráceas* (Kristková et al. 2008). Presenta una raíz pivotante que puede llegar a medir hasta 25 cm, y sus hojas se disponen en forma de roseta en un corto tallo cilíndrico (Di Benedetto, 2005). La forma más difundida de implantación del cultivo es sembrándola directamente en el campo, sin embargo en los últimos años se ha extendido la utilización de almácigos y trasplantes (Di Benedetto, 2005). La temperatura óptima de germinación ronda entre los 18 y 22 ^{0}C y el cultivo se desarrolla bien en climas templados (Agüero, 2011), pero la presencia de sales solubles en el medio de crecimiento reduce el tamaño final de las plantas. La luz y la temperatura son los principales determinantes de la tasa de crecimiento y de la morfología foliar (Di Benedetto, 2005). Dependiendo de la fecha de siembra, el ciclo de cultivo puede variar entre 60 y 100 días (Di Benedetto, 2005).

En la Argentina las prácticas de manejo post-cosecha de lechuga están poco desarrolladas generandose grandes pérdidas económicas y de calidad de producto (Agüero, 2011).

Dentro de los vegetales de hoja, la lechuga es uno de los más consumidos (Agüero et al., 2008) ya sea en su estado fresco ó mínimamente procesados listos para consumir. Los principales países productores de lechuga son China y EEUU, seguido por España e Italia; en la Argentina, la lechuga representa el 49% del volumen total de las hortalizas de hojas verdes y junto con el tomate y la papa se encuentran entre las hortalizas de mayor consumo (Lozano, 2012). Su ingesta aporta al organismo un bajo contenido calórico, entre 13 y 18 kcal/100g (Ensminger et al., 1993) y contribuye principalmente con fibra dietaria, vitaminas A, B_2, C y E, folatos, piridoxina, tiamina y minerales como el calcio, potasio y magnesio (USDA, 2014).

1.2 Impacto de la salinidad en las plantas. Caso particular del cultivo de lechuga.

A nivel mundial más del 6% de los suelos son salinos y un 20% de los sistemas de riego son afectados por la salinidad (Hazman et al., 2015). La salinización de los suelos puede originarse por causas naturales o antropogénicas. La principal causa natural ocurre en zonas áridas y semiáridas donde la demanda ambiental evaporativa excede al flujo de precipitaciones y las sales disueltas en las aguas subterráneas ascienden por capilaridad y se acumulan en la superficie del suelo (Kohler et al., 2010), mientras que como consecuencia de la acción humana se encuentran el uso intensivo de riego y fertilizantes (Yamaguchi and Blumwald, 2005).

La salinidad es uno de los principales estreses abióticos que afecta negativamente el rendimiento de los cultivos (Shannon, 1997). Partiendo de la base que el estrés salino involucra estreses osmóticos y/o iónicos, la supresión del crecimiento está directamente relacionada con la concentración total de sales solubles presentes en el suelo (Greenway and Munns, 1980) y con los niveles de tolerancia de las especies vegetales (Parida and Das, 2005). Las semillas son las primeras en enfrentarse a las condiciones de estrés que le ofrece el ambiente en el cual las plantas continuarán su crecimiento. La presencia de sales disminuye el potencial osmótico del suelo, limitando la difusión de agua hacia la semilla durante la germinación e interfiriendo en la reanudación del crecimiento activo del embrión (Ashraf y Harris, 2004). Posteriormente se desencadena un déficit hídrico (Sairam y Srivastava, 2002) que al limitar la absorción de agua por las raíces provoca la deshidratación de los tejidos (Salisbury y Ros, 1992). Durante el crecimiento vegetativo, el efecto más visible de la salinidad es la reducción en la tasa de expansión foliar resultado de una menor tasa fotosintética (Shannon et al., 2000), además otros procesos son afectados como la síntesis de proteínas y el metabolismo de los lípidos (Parida and Das, 2005). Conjuntamente la presencia de sales en el medio circundante a las raíces produce un estrés iónico causado por la toxicidad inherente a iones específicos (Parida and Das, 2005), alterando procesos bioquímicos y fisiológicos que generan una depresión adicional del crecimiento al provocado por el déficit hídrico en sí mismo (Flowers y Yeo, 1995). Además cantidades excesivas de sales de sodio en la solución de suelo pueden provocar el deterioro de sus propiedades hidráulicas (Koheler et al., 2010) y efectos negativos sobre la microflora nativa (Rietz and Haynes, 2003).

La tolerancia a la salinidad es la capacidad de las plantas de crecer y completar su ciclo de vida en un sustrato que contiene altas concentraciones de sales solubles (Parida and Das, 2005). Shannon (1997) presentó datos relativos de disminución de rendimiento de diversas especies a través de una gama de concentraciones salinas y las categorizó según su tolerancia, sin embargo, estas diferencias pueden variar dependiendo del clima, las condiciones del suelo y las prácticas culturales. En lechuga, se ha reportado que bajos niveles de salinidad retrasan la velocidad de germinación mientras que niveles elevados además reducen el número y el peso de plantas (Bie et al., 2004; Kim et al., 2008). Sin embargo otros autores afirman que la sensibilidad al estrés salino es dependiente del cultivar de lechuga (Coons et al., 1990). Shannon, (1997) reportó que en *L. sativa* la salinidad afecta el crecimiento predominantemente a través de efectos osmóticos, pero los efectos específicos de iones y de las interacciones salinidad-nutriente afectan la calidad, pudiendo desarrollar en algunos cultivares síntomas de deficiencia de Ca^{++} (Carassay et al., 2012).

En resumen, elevadas concentraciones de sales solubles provocan un desbalance de los iones celulares causando toxicidad iónica y un estrés osmótico que a su vez desencadena un estrés oxidativo debido a la generación de EAO detrimentales para la supervivencia de la planta (Kohler et al., 2009), constituyendo la sumatoria de estos estreses el denominado estrés salino (Shannon et al., 1997).

1.3 Respuestas adaptativas de las plantas para incrementar la tolerancia a la salinidad.

En función de la especie vegetal y del nivel de sales presentes en el suelo y/o agua de riego, el estrés salino puede provocar desde la reducción del rendimiento hasta la expiración del cultivo (Shannon, 1977). Para adaptarse a estos ambientes salinos las plantas pueden desarrollar mecanismos que le permiten atenuar el impacto negativo sobre el crecimiento y desarrollo. Entre las estrategias bioquímicas se pueden citar: 1) la acumulación selectiva o exclusión de iones, 2) el control de la absorción de iones por las raíces y su transporte hacia las hojas, 3) la compartimentalización de iones a nivel celular o a nivel de planta, 4) la síntesis de solutos compatibles, 5) cambios en las rutas fotosintéticas, 6) alteraciones en la estructura de la membrana celular e 7) inducción de enzimas antioxidantes y de hormonas vegetales (Parida and Das, 2005). Estos mecanismos pueden actuar aditiva o sinérgicamente incrementando la tolerancia de las plantas al estrés y permitiendo que el cultivo complete su ciclo de vida, sin embargo es factible que el rendimiento y la calidad comercial lograda a cosecha sean limitadas.

1.4 Aspectos benéficos de la asociación plantas-*Azospirillum* sp. Estrategia para incrementar la tolerancia a la salinidad.

Las estrategias actuales para atenuar los efectos detrimentales de la salinidad sobre las plantas se basan principalmente en localizar genes específicos de sistemas biológicos tolerantes para luego combinarlos y transferirlos a sistemas productivos susceptibles. Una vertiente de la biotecnología microbiana, esto es, el uso de inoculantes en base a microorganismos promotores del crecimiento vegetal ofrece interesantes perspectivas en cuanto al aumento de la producción vegetal (Bashan et al., 2004; Singh et al., 2011).

El género bacteriano *Azospirillum* forma parte de las PGPM, los cuales tienen la capacidad de colonizar las raíces de los vegetales y de establecer asociaciones mutuamente benéficas que conducen a la promoción del crecimiento vegetal, llevando en algunos casos a un aumento del rendimiento agronómico (Okon and Labandera-Gonzales, 1994). Bashan y Holguín (1997) propusieron dividir el grupo de PGPM en bacterias que promueven el crecimiento de la planta indirectamente a través del biocontrol o de la competencia con patógenos (biocontrol–PGPB) y a través de mecanismos fisiológicos o bioquímicos directos (PGPB). El género *Azospirillum* se ubica dentro de esta última categoría. Las bacterias de este género son organismos de vida libre, con la capacidad de colonizar las raíces de más de 100 especies vegetales, por lo que se lo considera un "colonizador universal" (Bashan et al., 2004).

Azospirillum brasilense es una bacteria gram negativa con un flagelo móvil y es capaz de proliferar tanto en condiciones aeróbicas como anaeróbicas, pero es preferentemente microaerófilo en presencia o ausencia de nitrógeno combinado en el medio, ya que en ambas condiciones tiene la capacidad de fijar N_2 (Dobereiner and Day, 1976). El género *Azospirillum* spp. se localiza en la rizósfera y en la superficie y/o en el interior de la raíz (Michiels et al, 1989; Bashan and Holguin, 1997; Mehnaz et al., 2007). Algunas cepas de *A brasilense* tienen la característica de ser endógenas extracelulares encontrándose bacterias en los espacios intercelulares del cortex y en los vasos xilemáticos, principalmente en la zona de elongación de la raíz (Bashan et al., 2004).

Se han propuesto diversos mecanismos para explicar los efectos promotores sobre el crecimiento vegetal. Entre ellos se incluyen la actividad hormonal simple o múltiple, la fijación de nitrógeno, la síntesis de una variedad de metabolitos secundarios y enzimas, efectos sobre la actividad de membrana, la proliferación del sistema radical, incrementos en la absorción de agua y nutrientes, movilización de minerales, disminución de los efectos de estreses abióticos, control directo o indirecto de fitopatógenos. La descripción de esta multiplicidad de mecanismos ha llevado a que Bashan y colaboradores (2004) propongan la "hipótesis aditiva" replanteada recientemente como la "Teoría de los mecanismos múltiples", basada en la aceptación de que no existe un único o simple mecanismo implicado en la promoción del crecimiento vegetal producido por *Azospirillum*, sino una combinación de mecanismos diversos, la cual puede variar de acuerdo a la especie vegetal, la cepa de *Azospirillum* y las condiciones medioambientales en la cual la interacción ocurre (Bashan and de-Bashan, 2010). Independientemente de los mecanismos implicados, distintos autores han demostrado que este efecto promotor del crecimiento se acentúa bajo condiciones de estrés abiótico (Bashan and Holguin, 1997; Barassi et al., 2007; Bashan and de-Bashan, 2010). Por lo tanto la inoculación con *Azospirillum* podría constituir una herramienta tecnológica en la producción de vegetales en condiciones de salinidad.

1.4.1 Uso de *Azospirillum brasilense* en especies vegetales. Antecedentes en *Lactuca Sativa*

Los principales efectos producidos por *Azospirillum* se observan a nivel de la promoción del crecimiento de las raíces. La inoculación produce un aumento de la superficie del sistema radical por incremento del número de raíces laterales y del número y tamaño de pelos radicales (Okon and Kapulnik, 1986). Estos cambios en la morfología de la raíz de la planta permiten incrementar la absorción de agua y minerales que promueven el desarrollo de la planta, la acumulación de materia seca y un aumento del rendimiento de los cultivos (Okon and Labandera-Gonzales, 1994) ya sea bajo condiciones controladas o en ambientes de estrés hídrico (Creus et al., 1997; Creus et al., 1998; Casanovas et al., 2003; Creus et al., 2004; Cohen et al., 2009) y de estrés salino (Creus et al., 1997; Barassi et al., 2006; Zawoznik et al.,2011).

En relación a la promoción del crecimiento de plantas bajo condiciones normales y adversas, resultados obtenidos en nuestro laboratorio mostraron que la inoculación con *A. brasilense* Sp245 atenuó los efectos detractores del crecimiento de plántulas de trigo debida al estrés osmótico (Alvarez et al., 1996). Se determinaron incrementos en el agua del apoplasto y aumento en la elasticidad de la pared celular (Creus et al.,

1998). En plantas de maíz la inoculación mejoró el estado hídrico, incrementó la biomasa total, el área foliar, el contenido de prolina en hojas y en raíz (Casanovas et al., 2002) y a campo, incrementó el índice de cosecha y el peso de granos (Casanovas et al., 2003). En cuanto al estrés salino, *A. brasilense* Sp245 mejora la tasa de elongación relativa en plántulas de trigo, como así también diversos parámetros hídricos (Creus et al., 1997). Mientras que en semillas de lechuga inoculadas con la bacteria y sometidas a 80 mM NaCl experimentaron un 70% de reversión de los efectos negativos del estrés salino en la germinación (Barassi et al., 2006). Asimismo, las plantas adultas provenientes de semillas inoculadas y sometidas a salinidad mostraron mayores pesos frescos y secos y mayor partición de biomasa a la parte aérea que las sin inocular (Barassi et al., 2006). El establecimiento de plantas bajo condiciones de salinidad depende del éxito de la germinación de semillas (Bie et al. 2004; Eraslan et al., 2007). La inoculación con *Azospirillum* puede ser utilizada como un método para minimizar el estrés hídrico y salino (Bashan et al., 2004) en las especies hortícolas. Sin embargo, un punto clave es determinar el número adecuado de bacterias que permite lograr una respuesta efectiva ante determinada situación de estrés.

Principalmente son dos las técnicas de inoculación más utilizadas, una de ellas se basa en poner en contacto la suspensión bacteriana con el sustrato de crecimiento en el cual se desarrollará la planta y otra se fundamenta en la aplicación directa del inoculante en las semillas o raíces (Basán y de-Basán 2010; Malusa et al., 2012; Berg et al. 2013). El Área Biomolecular de la Unidad Integrada FCA (UNMdP)-EEA Balcarce (INTA) ha desarrollado un sistema de inoculación de semillas en estadios de pre-emergencia radical, donde el número de bacterias requerido ingresa al interior de las semillas durante el período de imbibición de las mismas. Dicho sistema de inoculación ha sido ensayado exitosamente en trigo (Creus et al, 1996), maíz (Casanovas et al, 2000), y en lechuga (Ayrault, 2002 y Carrozzi et al., 2012). Particularmente, las formulaciones líquidas han sido muy efectivas para introducir cantidades importantes y viables de las células de *Azospirillum* en las semillas antes del proceso de germinación (Creus et al., 1996; Casanovas et al., 2000; Bennet and Wipps, 2008). Esta metodología ha demostrado que es posible introducir un gran número de células bacterianas en las semillas durante el proceso inicial de imbibición que ocurre en la germinación. Así mismo, en caso de que la semilla no se emplee inmediatamente luego de la inoculación ha sido reportado (Barassi et al., 2006) que la semilla inoculada es tolerante al proceso de secado. Para estimar la cantidad de inóculo capaz de ingresar en las semillas y el momento óptimo para la inoculación, la metodología requiere conocer previamente la cinética de imbibición de semillas (Casanovas et al., 2015).

1.5 Importancia tecnológica del trasplante.

El trasplante es una técnica que permite incrementar la uniformidad en el tamaño y la distribución de las plantas, traduciéndose en un uso más eficiente de la superficie (Grossnickle, 2005) Para que sea exitoso, es imprescindible contar con plantines de buena calidad con una excelente relación entre la parte aérea y la raíz que resistan el estrés abiótico generado por el trasplante en sí mismo (Mattsson, 1997)El cultivo de lechuga se desarrolla principalmente a campo bajo el sistema de siembra directa ya sea al voleo o en línea a chorillo (Di Benedetto, 2005). En la provincia de Buenos Aires el 85% de la producción de lechuga se realiza a campo y solo el 15% en invernáculo (Lozano, 2012).. Por otro lado, la temperatura óptima de germinación de semillas de lechuga varía entre 15 y 20 ^{0}C dependiendo de la variedad (Coons et al., 1990). Temperaturas superiores a 30 ^{0}C inhiben el proceso de germinación (Di Benedetto, 2005), por lo tanto para lograr una germinación uniforme, deben evitarse temperaturas elevadas durante la implantación (Araki et al., 2007). Por lo tanto en aquellos momentos en que la temperatura del suelo supere los 30 ^{0}C se justifica el uso de plantineras climatizadas.

El desarrollo de nuevos enfoques que aseguren la óptima calidad de las hortalizas depende de una mejor comprensión de su fisiología y bioquímica, así como de la influencia del ambiente y el almacenamiento.

En este contexto, la utilización de *Azospirillum brasilense* podría constituir una herramienta útil en el establecimiento de plántulas de *Lactuca sativa* bajo condiciones controles y de salinidad. Para ello es necesario conocer la tolerancia de *Lactuca sativa* cv. Elisa a la salinidad y la concentración óptima de *Azospirillum* capaz de promover el crecimiento de la especie en cuestión bajo condiciones de estrés salino.

1.6 Calidad comercial y nutricional de la lechuga. Impacto de la salinidad y la inoculación con *Azospirillum*.

La calidad es una combinación de las características, atributos y propiedades que le dan a los vegetales valor en la alimentación humana (Lee and Kader, 2000). En el caso de la lechuga, la calidad total es la suma de la calidad sensorial, nutritiva y sanitaria (Goñi, 2011). Diversos factores determinan (genético y ambiente), limitan (disponibilidad de agua y nutrientes) y disminuyen (enfermedades y plagas) la calidad y el rendimiento del cultivo, por lo tanto la calidad del producto final comienza a determinarse mucho antes de la cosecha. El estrés oxidativo impuesto por la salinidad en las plantas puede ser contrarrestado por la activación del sistema antioxidante de defensa. Muchos de los compuestos antioxidantes generados tienen propiedades beneficiosas para la salud humana (Subhasree et al., 2009). Sin embargo, la calidad del producto puede ser afectada negativamente ya que el estrés impacta en la expansión foliar, el crecimiento de la planta y el metabolismo del carbono (Bashan y de-Bashan, 2010). Por lo tanto es importante conocer la manera en que los factores precosecha, entre ellos la salinidad, el trasplante y el empleo de microorganismos promotores afectan el crecimiento durante la ontogenia del cultivo y la calidad a la cosecha y el comportamiento de las plantas durante el período post-cosecha, de modo de lograr que el producto llegue al consumidor con la mejor calidad de consumo posible (Rico et al., 2007).

En este contexto, la producción moderna de especies hortícolas tiene como objetivos el de incrementar el rendimiento no solamente bajo condiciones normales, sino también de falta de agua y/o de salinidad, así como el de minimizar los efectos del estrés de trasplante de plantines, mejorar la calidad nutricional y extender la vida útil del producto en la post-cosecha.

En tal sentido, nos propusimos indagar la posibilidad de efectuar aportes basados en la interacción *Azospirillum-L. sativa* que: a) atenúen los efectos negativos del estrés salino y de trasplante; b) mejoren la calidad y el comportamiento post-cosecha; como así también c) estudiar si los efectos planteados se correlacionan con modificaciones en la capacidad antioxidante y/o la producción de metabolitos secundarios.

1.7 Objetivo general y Objetivos específicos

Objetivo General: Determinar si la inoculación con *A. brasilense* Sp245 mejora el establecimiento del cultivo, el rendimiento, la calidad nutricional y/o el comportamiento post-cosecha en *Lactuca sativa* sometida a estrés salino y de trasplante, involucrando en ello mecanismos asociados a la actividad antioxidante.

Objetivos específicos: Evaluar el efecto de la inoculación con *A. brasilense* Sp245 en plantas de *Lactuca sativa* Cv. Elisa expuestas a condiciones normales y de estrés salino, durante la ontogenia del cultivo y post-cosecha, sobre los siguientes parámetros: a) Germinación y crecimiento inicial; b) Contenido de fitonutrientes: (ascorbato, polifenoles y flavonoides); c) Contenido de clorofila; d) Capacidad antioxidante total; e) Actividad de las enzimas antioxidantes (superóxido dismutasa, catalasa y ascorbato peroxidasa) ; f) Relación sodio/potasio; g) Rendimiento a cosecha y h) el Comportamiento post-cosecha.

1.8 Hipótesis de trabajo y estructura de la tesis

Hipótesis general de trabajo: La inoculación con *A. brasilense* Sp245 mejora la germinación y emergencia, la tolerancia a estreses salino y/o de trasplante, la calidad y el comportamiento post-cosecha en *L. sativa.* Estos efectos benéficos se correlacionan con cambios en la actividad de enzimas antioxidantes y/o en la presencia de determinados metabolitos secundarios considerados como nutracéuticos.

Hipótesis particulares:

I. La inoculación con *A. brasilense* Sp245 mejora la germinación y emergencia en plantas de *L. sativa* creciendo en condiciones controles y/o de estrés salino.

II. (Condicionada a la anterior) Comparada con la plántula sin inocular, el efecto promotor del crecimiento bajo condiciones salinas se correlaciona con una superior capacidad antioxidante del sistema bacteria-plántula.

III. La inoculación con *A. brasilense* Sp245 aumenta la tolerancia al estrés de trasplante en *L. sativa* creciendo bajo condiciones normales y/o de estrés salino.

IV. (Condicionada a la anterior) La mayor tolerancia al estrés de trasplante se correlaciona con un incremento en la actividad antioxidante.

V. Las plantas de *L. sativa* colonizadas por *A. brasilense* Sp245 poseen una calidad nutricional superior y/o mejor comportamiento post-cosecha que las controles sin inocular.

VI. (Condicionada a la anterior) El incremento en la calidad nutricional se relaciona con una acumulación de metabolitos secundarios en las plantas inoculadas.

VII. (Condicionada a la hipótesis e) El mejor comportamiento post-cosecha de las plantas inoculadas se relaciona con un aumento de la actividad antioxidante.

2 MATERIALES Y MÉTODOS

A fin de facilitar la lectura de esta sección, previamente se fundamenta escueta y *someramente la secuencia de los ensayos descriptos más adelante.*

2.1 DESCRIPCIÓN GENERAL

La primera etapa de la tesis se destinó a determinar la concentración óptima de inóculo de *A. brasilense* Sp245 capaz de efectuar un efecto promotor del crecimiento de *L. sativa* cv. Elisa, durante el proceso de germinación bajo condiciones de salinidad. Dado que el método de inoculación utilizado se basó en un tratamiento de imbibición de las semillas en el inóculo durante el período de máxima velocidad de hidratación, fue necesario conocer en primer lugar la cinética de incorporación de agua en las mismas. Luego de ello se realizaron bioensayos de germinación en cámara de crecimiento, sobre láminas de papel y sustrato soporte, a fin de definir la concentración óptima de inóculo para *L. sativa* cultivada en condiciones de salinidad. Una vez determinado en cámara de germinación el efecto promotor de la germinación bajo condiciones de estrés salino, fue necesario estudiar si tal comportamiento se reiteraba en condiciones de invernadero bajo luz natural y asimismo, el plausible efecto promotor del crecimiento y calidad de las plántulas hasta el momento del trasplante. Este último representa *per se* un serio estrés abiótico para la planta, por lo que resultó importante elucidar si la inoculación con la bacteria podría ejercer un efecto paliativo del mismo, ya sea bajo condiciones de crecimiento normales o de salinidad.

La segunda etapa de la tesis abarcó entonces el período comprendido entre el trasplante y la cosecha final. Comprendió el estudio del efecto de la inoculación sobre diversos parámetros de crecimiento; los contenidos de clorofila y ácido ascórbico; y la tasa de supervivencia al trasplante; tanto en lechuga creciendo bajo condiciones normales como de salinidad. Asimismo, se evaluó la capacidad antioxidante total, el contenido de diversos compuestos con estas propiedades y las actividades de enzimas antioxidantes como la superóxido dismutasa (SOD), catalasa (CAT), ascorbato peroxidasa (APX) y la guayacol peroxidasa (G-POX).

La tercera y última etapa de la tesis se destinó a indagar si el posible efecto promotor del crecimiento de la lechuga debido a la inoculación con *Azospirillum* se traducía en un producto final de mayor calidad fisiológica y nutricional. Adicionalmente, si este plausible efecto benéfico podría extenderse al período de vida útil poscosecha.

2.2 ENSAYOS EN CÁMARA DE CRECIMIENTO.

2.2.1 Manipulación bacteriana y elaboración del inóculo.

La cepa utilizada es considerada de referencia (provista por gentileza de la Dra. Joanna Döbereiner, CNPBS, Río de Janeiro, Brasil), y fue mantenida al abrigo de la luz y del calor en Agar Papa Dextrosa (Medio USFDA BAM M127 1998) hasta el momento de la propagación destinada a obtener el inóculo descripto a continuación. Muestras tomadas con ansa estéril de este cultivo fueron estriadas en pico de flauta a medio de cultivo Rojo Congo (Rodríguez Cáceres, 1982), e incubadas en estufa a 32 ^{0}C. A los 4 días de crecimiento las colonias fueron transferidas con un ansa estéril a sendos tubos de ensayo conteniendo 2 mL de buffer fosfato pH 7, seguido de agitación en vortex durante 30 segundos a velocidad media para que el crecimiento bacteriano quede suspendido en el medio líquido. El sobrenadante de cada 2 tubos se transfirió a un erlenmeyer conteniendo 200 mL de medio de cultivo OAB (Okon et al., 1977).

El mencionado medio contiene por litro de agua destilada: K_2PHO_4 (0.6 g), $KPHO_4$ (0.4 g), $MgSO_4.7H_2O$(0.02g), NaCl (0.01 g), $CaCl_2$ (0.02g), NH_4Cl (1 g), ácido DL-málico (5.0 g), KOH (4.5 g), $FeCl_3$ (0.01 g), Na MoO_4. $2H_2O$ (0.002 g), azul de bromotimol (2 ml) y 1 ml de la solución de micronutrientes, ajustándose el pH final a 7. El cultivo bacteriano se incubó a 32 ^{0}C durante 16 hs con agitación orbital a una velocidad de 100 rpm, momento de la finalización de la fase exponencial del crecimiento (Molina-Favero et al., 2008). Finalizada la incubación descripta anteriormente, se midió la densidad óptica (DO) del cultivo a 600 nm, con un espectrofotómetro UV visible y se estimó el Número Más Probable (NMP) de células de *A. brasilense* Sp 245 en el inóculo madre. Para ello, se empleó la ecuación NMP = $10.781e^{(11{,}636xDO)}$, resultante de la elaboración de una curva de rutina acorde a la evolución del crecimiento de la bacteria en el medio OAB a 32 ^{0}C durante 16 hs y agitación orbital de 100 rpm.

2.2.2 Cinética de imbibición de las semillas e inoculación.

Muestras de 0,5 gr de semillas de *L. sativa* cv. Elisa (SAKATA Seed Sudamerica Ltda, Industria Brasilera) se imbibieron durante 24 hs en buffer fosfato (pH 7). Cada 30 min las semillas se secaron superficialmente y pesaron en balanza analítica hasta peso constante. El incremento en el peso a medida que transcurre la imbibición es una medida de la cantidad de medio acuoso absorbido (Bewley, 1977). El momento de la inoculación se estableció acorde al tiempo para el cual las semillas absorbieron el 70% del volumen total de imbibición (VTi). EL VTi se determinó en función del volumen total de agua absorbido hasta alcanzar la fase estacionaria y se calculó como el valor medio resultante de dos determinaciones consecutivas sin diferencias significativas entre ellas, según el test de LSD ($P \leq 0.05$).

2.2.3 Bioensayo de germinación en láminas de papel.

Lotes de 500 semillas se imbibieron en inóculos conteniendo 0 ó 10^6, 10^7, 10^8, 10^9, 10^{10} ó 10^{11} células bacterianas.semilla^{-1}. Estas concentraciones fueron obtenidas diluyendo el inóculo madre en buffer fosfato pH 7, previo cálculo del volumen total de imbibición y el tiempo determinado para la absorción del 70% del mismo. Las semillas se sembraron en sendas placas de Petri sobre papel de germinación previamente esterilizado en autoclave y embebido con 10 ml de las soluciones estériles conteniendo 0, 40, 80 ó 120 mM de NaCl, respectivamente. Previa cobertura de las placas con una película de polietileno para evitar la pérdida de humedad durante la germinación, las semillas fueron incubadas en cámara a 23 $\pm$ 2^{0}C y fotoperíodo de 8 hs, condiciones éstas requeridas para la germinación estandardizada de *L. sativa* (ISTA, 2004). A los 4 y 7 días desde la siembra (dds) se determinaron la energía (EG) y el poder germinativos (PG), respectivamente (ISTA, 2004). En el primer caso (EG) se registraron como válidas las semillas con protrusión de la radícula y en el segundo (PG) las plántulas de aspecto normal, es decir con la presencia de los cotiledones abiertos y verdes; un hipocótilo recto y blanco; y la raíz primaria intacta. Se consideraron anormales aquellas plántulas con cotiledones deformes, necróticos, decolorados o con las cubiertas seminales pegadas, con un hipocótilo corto, retorcido o muy grueso y una raíz primaria agrietada, muy corta o muy delgada.

Se tuvo en cuenta como nivel óptimo de inóculo al surgido del tratamiento que haya permitido obtener a los 7 dds un mayor PG, es decir una mayor proporción de plántulas de aspecto normal.

2.2.4 Bioensayo de germinación en sustrato soporte.

Una vez determinada la concentración óptima de bacterias a lograr mediante la dilución del inóculo madre, se realizó un ensayo tendiente a determinar el efecto de la inoculación sobre el crecimiento inicial de las plántulas, extendiendo así lo evaluado durante la germinación. Se denominó tratamiento "control" (C) al de las semillas sin inocular e "Inóculo" (I) al de las semillas inoculadas con 10^9 células de *A. brasilense*.semilla^{-1} (valor estimado según lo descripto en 2.2.1). Independientemente de esto, al momento de la siembra se determinó la colonización efectiva lograda. Para ello se homogenizaron 1.0 gr de semillas en mortero, con 9.0 mL de buffer fosfato pH 7. Esta suspensión inicial fue considerada como 10^{-1}, a partir de la cual se prepararon diluciones seriadas hasta alcanzar un máximo de 10^{-11}. Todas ellas fueron sembradas por triplicados en sendas cajas de Petri conteniendo agar Rojo Congo (RC), medio selectivo para bacterias microaerofílicas (Rodríguez Cáceres, 1982). Las cajas se incubaron invertidas en estufa, a una temperatura de 35°C y durante 4 días. Se determinó la concentración bacteriana como Unidades Formadoras de Colonia por gramo de semilla (UFC. g semilla^{-1}).

Las semillas C e I se sembraron en bandejas plásticas de 66 celdas o alvéolos ("plugs") de 33 cm^3 cada una, a razón de 1 semilla por celda, en el sustrato comercial Dynamic 3 (Dynamics, Argentina). La producción de plantines en bandejas multiceldas, desde la germinación hasta que los mismos estén listos para ser trasplantados al campo, es una práctica muy común en la producción intensiva de lechuga.

Las bandejas fueron llevadas a una cámara de crecimiento, donde se mantuvieron las condiciones de germinación óptimas para la especie (23 ± 2 ^{0}C y fotoperíodo de 8 hs) (ISTA, 2004). El riego se efectuó por capilaridad con soluciones de 0, 40, 80 y 120 mM de ClNa en AD. Se determinaron los porcentajes de emergencia a 5 y 10 dds (E_5 y E_{10}, respectivamente). A los 10 dds se escindieron las plántulas en partes aérea y raíz, se secaron en estufa a 60 ^{0}C hasta peso constante, obteniéndose así los pesos seco aéreo (PSA) y de raíces (PSR).

2.3 ENSAYOS EN INVERNADERO.

Semillas C e I fueron sembradas en plugs según lo descripto en 2.2.4, sólo que luego fueron cultivadas en invernadero. Para permitir el riego por capilaridad, cada bandeja se colocó en otra más grande a la que cada 7 días se le incorporó el agua destilada o la solución salina requeridos según el tratamiento. Se determinó periódicamente la conductividad eléctrica de la pasta soporte, agregándose AD cuando fuese necesario para compensar la eventual concentración de NaCl por evaporación. Durante el experimento y dentro del invernadero, las temperaturas promedio fueron de 16 ± 2 °C durante el día y 12 ± 2 °C por la noche, con una humedad relativa del 60±15 %. Cabe aclarar que el cultivar Elisa integra el grupo de lechugas clasificadas como "tipo Mantecosas sin formación de cabeza" y se adapta a siembras de todo el año. Se seleccionó el nivel de estrés tolerado *por L. sativa* considerando aquel que, independientemente del tratamiento de inoculación, haya permitido obtener al momento del trasplante plantines con buen porte, es decir con una excelente relación entre la parte aérea y la raíz y sin aspecto clorótico.

2.3.1 Parámetros de crecimiento y estado fisiológico desde la siembra a cosecha, en plantas de *L. sativa* controles e inoculadas con *A. brasilense* y cultivadas bajo condiciones normales o de estrés salino.

A los 5 dds, los cotiledones emergieron a la superficie del sustrato, momento en el que se realizó el primer conteo (E_5). A partir de aquí y cada 5 días, se contabilizó la cantidad de plántulas con hojas verdaderas (E_{10}, E_{15} y E_{20}). A los 10 dds se determinó el NMP.g PF de raíz^{-1} según Postgate (1969) y el PSA y el PSR. Estos datos fueron expresados como porcentajes. Se calculó la velocidad media de germinación (VMG), según la expresión propuesta por Ranal y Santana (2006), que expresa el número de semillas germinadas por día.

Al momento del trasplante (20 dds) y cada 7 días se determinaron: pesos fresco y seco aéreos (PF y PSA, respectivamente), área foliar total, peso seco radical (PSR) y contenido de clorofila total ($CClf_T$). Además, en el período de crecimiento más activo de la planta se calculó la tasa de crecimiento relativa (TCR) y la tasa de asimilación neta (TAN) según Hunt (2002), utilizando las siguientes ecuaciones:

$$TCR = (\ln PSA_2 - \ln PSA_1) / (t_2 - t_1),$$

$$TAN = [(PSA_2 - PSA_1) / (t_2 - t_1)] \times [(\ln A_2 - \ln A_1) / (A_2 - A_1)]$$

Se consideró como t1 la segunda semana después del trasplante y t2 el momento de la cosecha. La TCR se expresó en g g^{-1} d^{-1} y la TAN en g m^{-2} $día^{-1}$

El contenido de clorofila total ($CClf_T$) en la porción aérea se determinó según lo descripto por Roura et al. (2003), con las siguientes modificaciones. Un g de tejido se homogenizó con 19 mL de una solución fría de propanona–hidróxido de amonio 100 mol m^{-3} (18:1, v/v). El homogenato fue filtrado al vacío y el exceso de agua removido con sulfato de sodio anhidro. La absorbancia del extracto (A) fue medida en un espectrofotómetro a 660.0 y 642.5 nm. La $CClf_T$ de cada muestra se calculó con la fórmula $CClf_T = 7.12\ A_{660} + 16.8\ A_{642.5}$. La CLT en las hojas se reportó en mg kg^{-1} PSA.

Dado el efecto beneficioso de la inoculación de *L. sativa* con *A. brasilense* en condiciones de salinidad, se indagó si el mismo involucraba mecanismos asociados a la actividad antioxidante. Para ello se consideraron únicamente como fuentes de variación el nivel de salinidad y el nivel de inóculo y se mantuvieron controladas las condiciones de temperatura, humedad y luminosidad del invernadero. Semillas C e I se sembraron en bandejas plásticas de 66 celdas, a razón de 1 semilla por celda, en el sustrato comercial citado en 2.2.4. El riego se efectuó por capilaridad con soluciones conteniendo 0 ó 40 mM de NaCl. Las bandejas multiceldas se mantuvieron en un invernadero climatizado, bajo luz artificial (aproximadamente 23 mol m^{-2} d^{-1} PAR), a una temperatura de 23 ± 2 ° C durante el día y 10 ± 3 °C por la noche, y una humedad relativa interior del 85±5 %. A los 20 dds los plantines C e I crecidos a 0 y 40 mM de NaCl fueron trasplantados a macetas plásticas individuales de 5 L conteniendo como medio soporte sustrato Dynamics 3 y perlita (1:1), donde se cultivaron hasta cosecha. Para permitir el riego por capilaridad, las macetas fueron colocadas en una bandeja más grande en la que cada 5 días se incorporó el agua destilada o la solución 40 mM NaCl según el tratamiento correspondiente. Al momento del trasplante y cada 10 días se realizó una fertilización balanceada basada en una relación 1:1:1:1 de N:P:K:Ca (Di Benedetto, 2009, comunicación personal).

2.3.2 Estado oxidativo de trasplante a cosecha, en plantas de *L. sativa* controles e inoculadas con *A. brasilense* y cultivadas bajo condiciones de crecimiento normal o de estrés salino.

Como indicadores bioquímicos del efecto del estrés salino y de trasplante y de la inoculación con *A. brasilense* en *L. sativa* se evaluaron: la capacidad antioxidante total, el contenido de diversos compuestos antioxidantes y las actividades de enzimas relacionadas, a saber: SOD, APX, CAT y G-POX. Estas determinaciones se efectuaron sobre el primer anillo de la zona media de la planta de lechuga.

2.3.2.1 Determinación de la capacidad antioxidante total y contenido de sustancias activas.

Capacidad antioxidante total. Se evaluó según el método del radical libre 2,2 difenil-1-picrilhidrazilo (DPPH; Brand-Williams et al. 1995). El mismo se fundamenta en la coloración púrpura del DPPH, que se decolora progresivamente cuando se añade el extracto etanólico conteniendo las sustancias antioxidantes presentes en la muestra. Este cambio sigue la ley de Lambert y Beer, por lo que la capacidad antioxidante total puede determinarse midiendo A_{515}.

Para la extracción de los antioxidantes de la muestra se disgregó el tejido vegetal en mortero utilizando nitrógeno líquido hasta la pulverización total del material. Se pesaron 1.5 g del polvo y homogeneizaron en frío con 10 ml de etanol al 80%, dejando que la extracción tenga lugar durante 35 minutos en un shaker orbital a 135 rpm, seguida de un depósito en heladera durante 2 horas y ulterior centrifugación a 2 ^{0}C y 15000 rpm durante 5 min. Se descartó el pellet y recuperó el sobrenadante (extracto etanólico).

Para la cuantificación de la capacidad antioxidante total se pusieron en contacto 1000 µl de DPPH 60 µM con alícuotas de 50, 100, 150 y 250 µl del extracto etanólico, cada una de ellas por triplicado. Los volúmenes finales fueron ajustados a 3500 µl con etanol 80%. Se dejó reaccionar durante 1 h a temperatura ambiente y se midió la absorbancia de las muestras y del blanco (1000 µl DPPH + 2500 µl etanol 80%) a 515 nm. Para el cálculo de la capacidad antioxidante total se calculó el % de DPPH consumido por 125 µL de extracto hidroalcohólico respecto del blanco. La capacidad antioxidante total se expresó como porcentaje de remoción de radicales libres por mg de peso seco del tejido

Contenido de ácido ascórbico (AASC). La cuantificación de AASC se realizó siguiendo la metodología propuesta por Leipner y coladoradores (1997), con las modificaciones que se describen a continuación.

Para la extracción se homogenizó 1 g de muestra con 3 mL de solución de ácido oxálico al 1%. La extracción se realizó durante 10 min a 145 rpm manteniendo las muestras en frio y al abrigo de la luz. Posteriormente se centrifugó durante 20 minutos a 18000 rpm (entre 0 y 2°C). Se descartó el pellet y se recuperó el sobrenadante (extracto).

Las reacciones de cuantificación del AASC para cada extracto se realizaron por triplicados. Para ello se colocaron 150 µL de extracto, 100 µL K_2HPO_4 45% y 50 µL de agua destilada. Se incubó durante 15 minutos a temperatura ambiente y en oscuridad. Luego se incorporaron 500 µL de buffer citrato-fosfato pH 2,3 y 500 µL de 2,6-diclorofenolindofenol al 3%. La lectura espectrofotométrica de A_{524} se realizó inmediatamente luego de la adición del diclorofenolindofenol. Los valores de AASC obtenidos se expresaron en mg.100 g^{-1} de PS y de PS utilizando una curva estándar elaborada con concentraciones crecientes de una solución de ácido L-ascórbico 0.006% con 99% de pureza (SIGMA-ALDRICH).

Fenoles y flavonoides totales. El contenido de fenoles totales (FT) se determinó mediante el método colorimétrico de Folin-Ciocalteu según el protocolo de Singleton y Rossi (1965). El reactivo de Folin contiene molibdato y tungstato sódico, que reaccionan con los fenoles presentes en el medio formando un complejo fosfomolíbdico-fosfotúngstico. A pH alcalino, la transferencia de electrones reduce el complejo fosfomolíbdico-fosfotúngstico a óxidos de W y Mo, que son cromógenos de color azul intenso con un pico de absorbancia a 765 nm. Este es proporcional al número de grupos hidroxilos presentes en los fenoles, por lo que es posible cuantificarlos espectrofotométricamente a 765 nm.

El extracto hidroalcohólico utilizado en la cuantificación de compuestos fenólicos y flavonoides, fue el mismo que se utilizó en la determinación de la capacidad antioxidante total hidrofílica. Para ello, 500 µl del extracto fueron incorporados a 2500 µl de Folin-Ciocalteau 10%, seguido de una mezcla vigorosa y reposo durante 5 min. Finalmente, se adicionaron 2000 µl de carbonato de sodio 4% y luego de 2 horas en oscuridad se midió A_{765} en un espectrofotómetro BIO-RAD SmartSpec 3000. El mismo procedimiento se siguió para la elaboración de la curva de calibración utilizando alícuotas crecientes (0, 100, 200 y 300 µl) de una solución estándar de ácido gálico 0,1 mg.ml^{-1}. Los resultados se expresaron en mg de ácido gálico.100 g^{-1} PF y mg de ácido gálico.100 g^{-1} PS

Para la determinación del contenido de flavonoides totales (Fv) se siguió la metodología descripta en Karadeniz et al. (2005). Para ello, sendas alícuotas de 1000 µl del extracto se pusieron en contacto con 3000 µl de agua destilada y 300 µl de nitrito de sodio al 5%, se agitó enérgicamente y se dejó reposar a temperatura ambiente durante 5 min, seguidos de la adición de 600 µl de $AlCl_3.6H_2O$ al 10%. Luego de otros 5 min de reposo, se agregaron 2000 µl de NaOH 1 M, llevando la mezcla total a un volumen final de 10 mL. Se midió A_{510}. El mismo procedimiento se utilizó para la elaboración de la curva de calibración utilizando alícuotas crecientes (0, 100, 200 y 300 µl) de una solución estándar de quercetina al 0.03%.

2.3.2.2 Actividades enzimáticas (SOD, APX, CAT y GPX).

Al igual que para la extracción de los compuestos fenólicos, las muestras de hojas de lechuga reservadas para evaluar las actividades enzimáticas fueron disgregadas en mortero bajo nitrógeno líquido hasta su completa pulverización. Se extrajeron las proteínas solubles mediante la homogenización del polvo en 4 volúmenes de buffer fosfato (pH 7.5) 50 mM conteniendo EDTA 1 mM, polyvinylpyrrolidona-40 (PVP-40) 1% (p/v), Triton 0.1 (v/v) y PMSF 1 mM. El buffer de extracción para la actividad de APX contenía adicionalmente ácido ascórbico 10 mM. Los homogenatos fueron centrifugados a 18000 g por 30 minutos a 4 ^{0}C. Se recuperó el sobrenadante para la realización de determinaciones enzimáticas.

Actividad superóxido dismutasa (SOD). Fue evaluada con el método del NBT (según sus siglas en inglés Nitro Blue Tetrazolium) propuesto por Giannopolitis and Ries (1977), siguiendo la metodología propuesta por Eraslan et al. (2007). La mezcla de reacción (3 mL) contenía buffer fosfato de sodio (50 mM, pH 7.3), metionina (13 mM), NBT (75 mM), EDTA (0.1 mM) y 200 uL del extracto. La adición de riboflavina 4 mM inicia la reacción en presencia de luz, por lo cual los tubos de vidrio fueron iluminados con lámparas fluorescentes (60 µmol m^{-2} s^{-1}) durante 40 segundos. Se midió A_{560}. El blanco y el control fueron tratados de la misma manera pero en ausencia de luz y sin la enzima, respectivamente. Una unidad de actividad SOD fue definida como la cantidad de enzima que inhibe el 50% de la reducción fotoquímica del NBT. La actividad específica se expresó como unidades de SOD por mg de peso seco aéreo

Actividad ascorbato peroxidasa (APX). Se determinó espectrofotométricamente siguiendo la tasa de oxidación del ascorbato a 290 nm durante 1 min siguiendo la metodología propuesta por Tossi y Amenta (2011) con pequeñas modificaciones. La mezcla de reacción contenía 850 µl de una pre-mezcla compuesta por buffer fosfato (pH 7.4) 58.8 mM, ácido ascórbico 0.59 mM, EDTA 0.12 mM y agua, 50 µl del extracto enzimático y 100 µl H_2O_2 30 mM. El volumen final de reacción fue de 1 mL. Para el cálculo de la actividad enzimática se definió como 1 unidad de actividad de APX a la cantidad de enzima que puede oxidar 1 µmol de ácido ascórbico por minuto (coeficiente de extinción del ascorbato 2.8 $mM^{-1}cm^{-1}$) a 290 nm. por gramo de peso seco aéreo (ΔA_{290} g^{-1} (PSA) min^{-1})

Actividad catalasa (CAT). Se determinó siguiendo la velocidad de desaparición del H_2O_2 a 240 nm durante 2 minutos siguiendo la metodología propuesta por Tossi y Amenta (2011) con pequeñas modificaciones. La mezcla de reacción contenía buffer fosfato 50 mM (pH 7.4), H_2O_2 100 mM, 50 µl del extracto enzimático y AD. El volumen final de reacción fue de 1 mL. Para el cálculo de la actividad enzimática se definió como 1 unidad de actividad de CAT a la cantidad de enzima que puede oxidar 1 µmol de H_2O_2 por minuto (coeficiente de extinción del H_2O_2 43.6 $M^{-1}cm^{-1}$) a 240 nm. por gramo de peso seco aéreo (ΔA_{240} g^{-1} (PSA) min^{-1})

Actividad guayacol peroxidasa (G-POX). Se determinó según el método de Chen et al. (2000) siguiendo la oxidación del guayacol (coeficiente de extinción 26.6 mM^{-1} cm^{-1}) a 470 nm en presencia de H_2O_2 durante 2 min. La mezcla de reacción contenía 400 µl de buffer fosfato 100 mM (pH 6), 100 µl H_2O_2 30 mM y 50 µl del extracto enzimático. El volumen final de reacción fue de 0.7 mL. Para el cálculo de la actividad enzimática se definió como 1 unidad de actividad de G-POX a la cantidad de enzima que puede oxidar 1 µmol de guayacol en presencia de H_2O_2 por minuto.

2.4 ALMACENAMIENTO Y DETERMINACIONES DE CALIDAD POSTCOSECHA, EN *L. sativa* CONTROL E INOCULADA CON *A. brasilense*, CULTIVADA BAJO CONDICIONES DE CRECIMIENTO NORMAL O DE ESTRÉS SALINO.

Inmediatamente después de la cosecha, las plantas de lechuga se envasaron en bolsas de polietileno y almacenaron por un período de 20 días en cámara a 4 ^{0}C y 98% de humedad relativa. Cada 10 días de almacenamiento se determinaron diversos índices representativos del estado fisiológico y de la calidad nutricional y de mercado.

2.4.1 Indicadores del estado fisiológico

Entre los indicadores del estado fisiológico se consideraron el peso fresco (PFA) y seco aéreo (PSA), el contenido de clorofila total ($CClf_T$) y el contenido relativo de agua (CRA). El CRA, se analizó con la metodología propuesta por Rivera et al. (2006) y el CLT según Roura et al. (2003). La biomasa aérea fue expresada en términos de PF y PSA.

Contenido relativo de agua. Se recortaron y pesaron individualmente porciones rectangulares de 6 hojas representativas de la zona media de la planta (PF). Luego cada rectángulo se colocó por 20 hs en una cámara húmeda herméticamente cerrada y en oscuridad para obtener su peso turgente (PT). Inmediatamente después las muestras fueron individualmente secadas en estufa a 60 °C hasta peso constante (PS). El valor del CRA se calculó según la ecuación: CRA (%) = [(PF - PS)/(PT- PS)] × 100.

2.4.2 Indicadores de la calidad nutricional y de mercado

Las muestras se analizaron a la cosecha, a los 10 y 20 días después de la cosecha. Se consideraron índices representativos de la calidad nutricional: la tasa de oxidación relativa, la actividad antioxidante, el contenido de compuestos fenólicos y de ácido ascórbico (AASC). Y como representativos de la calidad de mercado: la intensidad de pardeamiento (IP), el $CClf_T$, la calidad visual global e índices objetivos del color. Estos últimos fueron: Hue, Crhoma y L. El Hue representa el atributo del color capaz de ser percibido por el humano, el Chroma se refiere a la saturación del color, y L al grado de luminosidad. El ácido ascórbico y el contenido de compuestos fenólicos se determinó con la metodología descripta en el apartado **2.3.2.1.**

Tasa de oxidación relativa y actividad antioxidante. Se determinaron según la técnica del blanqueamiento ("bleaching") del β-caroteno (Velioglu et al., 1998), modificada como se describe a continuación. Dos mL de una solución de β-caroteno (0,2 mg/ml de cloroformo) se pusieron en contacto con 20 µL de ácido linoleico y 200 µl de Tween 20. Para eliminar los restos de cloroformo, la mezcla se evaporó en un rotavapor a 40 °C durante 10 min. Luego se añadieron 100 mL de agua destilada y se agitó para formar una emulsión. Cinco alícuotas de 1 mL de la emulsión se transfirieron a tubos de ensayo que contenían 200 µL del extracto, el que fue preparado a partir de 0,5 g de tejido y 10 mL de etanol 80%, y se llevaron a un baño de agua a 50 °C durante 2 h. La absorbancia de la muestra se midió cada 15 min durante 2 horas a 470 nm (A_{470}). Todas las determinaciones se realizaron por triplicado.

La tasa de oxidación relativa (TOR) se calculó como la $R_{muestra}$ / $R_{control}$, donde las tasas de blanqueamiento de la muestra y del control fueron los valores absolutos de las pendientes de las curvas obtenidas graficando A_{470} en función del tiempo para cada caso.

La actividad antioxidante (AA) se expresó como % de inhibición = [($Am_{(t\ 60)}$ -$Ac_{(t\ 60)}$)

/($Am_{(t\ 0)}$ -$Ac_{(t\ 0)}$)] x 100, donde $Am_{(t\ 60)}$ y $Ac_{(t\ 60)}$ fueron las absorbancias respectivas de muestra y control, obtenidas a t = 60 min. En forma similar se expresaron los valores de A_{470} determinados a t = 0 min.

Índice de pardeamiento (IP). Se evaluó según la metodología propuesta por Couture et al. (1993), con pequeñas modificaciones: 3 g de tallo fueron homogenizados con 60 mL de AD y filtrados al vacío. Se tomaron alícuotas del sobrenadante obtenido y la absorbancia se midió a 320 nm en un espectrofotómetro UV-visible (UV 1.601 PC Shimadzu Corporation, Kyoto, Japón), expresándose el grado de pardeamiento del tejido, como A_{320}. g PF^{-1}.

Caracterización objetiva del color. Se realizó una evaluación en 4 hojas representativas de la zona media de la planta utilizando un colorímetro (Minolta CR-300, Osaka, Japón). El instrumento cuenta con una unidad de control integrada y una sonda de medición que emite una luz blanca intensa que cubre todo el espectro visible e ilumina un área de 8 mm de diámetro. El color de las hojas se evaluó según las coordenadas de cromaticidad L*, a* y b*, de la escala CIELab (CIE, 1978). El instrumento se calibró con una placa blanca estándar (Y = 93,2; x = 0,3133 y = 0,3192). Los datos obtenidos se expresaron en la medida de la saturación del color ó Chroma, un indicador de color del objetivo en el plano a* b* ó ángulo Hue y L o luminosidad. Para el cálculo del Chroma y del ángulo Hue se aplicaron las siguientes ecuaciones: Chroma, = (a2+b2)1/2 y Hue = tan-1 (b*/a*), respectivamente. El Hue se expresa en grados, donde los colores puros corresponden a: 00 (rojo), 900 (amarillo), 1800 (verde), 2700 (azul) (McGuire, 1992). El Chroma indica la saturación del color, es decir valores más altos indican una mayor intensidad del color. El valor de L da el brillo relativo (o luminosidad), que varía desde el negro (0) a un blanco (100) (Gazula et al., 2007).

Evaluación de la calidad visual global visual (CVG) Se realizaron pruebas sensoriales según la metodología descripta en Agüero et al. (2008) utilizando un panel entrenado dónde se evaluó la calidad visual promedio (OVQ; del inglés Overall Visual Quality), determinada en base al brillo y color, textura de las hojas y pardeamiento en la zona de corte.

En cada tiempo de almacenamiento, plantas de lechuga fueron codificadas individualmente y sometidas a la evaluación de un panel compuesto por 6 evaluadores altamente calificados en la evaluación sensorial de lechuga. Cinco muestras fueron distribuidos al azar entre los jueces, quienes evaluaron color y brillo de las hojas, textura, y la ausencia de defectos tales como pardeamiento y fragilidad mecánica (pequeñas roturas en el borde de las hojas). Cada parámetro fue calificado por un número, en el que 9 representó una característica individual excelente y 1 para muy desfavorable El límite de aceptación fue de 5 (Agüero et al., 2008).

2.5. DISEÑO EXPERIMENTAL Y ANÁLISIS ESTADÍSTICO

Se empleó un diseño completamente aleatorizado (DCA), con un arreglo factorial de dos factores: Salinidad e Inóculo. Los niveles de cada factor no fueron los mismos en todos los ensayos.

En el ensayo realizado a fin de determinar el nivel óptimo de inóculo se evaluaron 4 niveles de estrés para el factor Salinidad (0, 40, 80 y 120 mM de NaCl) y 7 niveles para el factor Inóculo (0, 10^6, 10^7, 10^8, 10^9, 10^{10} ó 10^{11} células de *A.*.semilla^{-1}). Cada lote de semillas contenía 500 unidades inoculadas con los niveles mencionados precedentemente. Se consideraron 5 repeticiones para cada tratamiento, cada una compuesta por 100 semillas.

Para el ensayo de germinación en plugs tanto en cámara de germinación como en invernadero se evaluaron 4 niveles de Salinidad (0, 40, 80 y 120 mM de NaCl) y 2 niveles de Inóculo (0 y10^9 células *A. brasilense*.semilla^{-1}). Se consideraron 12 repeticiones para cada tratamiento, cada una de ellas compuesta por 66 semillas.

Para el ensayo previsto desde el trasplante hasta la cosecha en invernadero y para el ensayo de postcosecha se evaluaron 4 niveles de Salinidad (0, 40, 80 y 120 mM de NaCl) y 2 niveles de Inóculo (0 y10^9 células *A. brasilense*.semilla^{-1}). Se consideraron 12 repeticiones para cada tratamiento, cada una compuesta por 6 macetas.

Los datos fueron sometidos a un análisis de varianza (ANOVA) empleando el programa estadístico R-Commander (versión 2.9.1). Se consideraron los niveles de estrés salino, de la inoculación, y sus interacciones. En el caso de interacciones significativas ($p < 0.05$), las medias dentro de cada nivel de estrés y de inóculo fueron comparadas mediante el test LSD ($\alpha = 0.05$). En el caso de interacciones no significativas, las medias de los efectos del estrés salino y de la inoculación fueron comparadas independientemente mediante el test LSD.

El modelo lineal propuesto para el análisis de la varianza para las distintas variables evaluadas fue:

$Y_{ijk}=\mu$ + $Salinidad_i$ + $Inoculo_j$+ $(Salinidad{:}Inoculo)_{ij}$ + e_{ijk}

donde:

Y_{ijk}: es la observación en la repetición k, del i-ésimo nivel de Salinidad y el j-ésimo nivel de inóculo;

μ: es la media general.

$Salinidad_i$: efecto principal del i-ésimo nivel de salinidad

$Inoculo_j$: efecto principal del j-ësimo nivel de Inóculo

$(Salinidad{:}Inoculo)_{ij}$: efecto de la interacción de los factores Inóculo y Salinidad.

e_{ijk}: error experimental asociado a la ijk-ésima repetición.

Se evaluaron los supuestos de normalidad y homogeneidad de varianzas (Kuhel, 2001). En el bioensayo de germinación, los datos que no presentaron normalidad en los residuales, fueron transformados con la función arcosen $\sqrt{(PG/100)}$, usualmente utilizada en estudios de germinación (Wagner et al., 2006).

En cuanto a la interacción entre los niveles de los factores Inóculo y Salinidad, la significancia del efecto principal de los factores se analizó mediante un ANOVA considerándose un nivel de significancia del 95%. Los valores informados en el presente trabajo corresponden a los estimadores de la media por el método de los mínimos cuadrados y su desviación estándar, considerándose un $P < 0.05$ (Khuel, 2001). Se utilizó el programa estadístico r-commander (versión 2.9.1).

La tolerancia al estrés de trasplante fue evaluada mediante la determinación de la tasa de supervivencia y el uso de tablas de contingencia 4 x 2 (Infante Gil y Zarate de Lara, 1983). Los cuatro tratamientos considerados fueron la resultante de las combinaciones C ó I e irrigación con 0 ó 40 mM de NaCl, mientras que las dos categorías de supervivencia tenidas en cuenta fueron plantas vivas o muertas. Los conteos de plantas con estas características se realizaron cada 7 días desde el trasplante hasta la cosecha. La comparación entre las proporciones binomiales de cada tratamiento fueron analizadas por una prueba de homogeneidad del chi-cuadrado de ($p < 0,05$). Esta prueba es una de las más utilizadas para comparar si dos características cualitativas están relacionadas entre sí (por ejemplo si la “supervivencia” o “muerte” de las plantas depende del tratamiento de inoculación y/o de la salinidad).

3 RESULTADOS

Los resultados que se detallan a continuación se refieren al estudio de los efectos de la inoculación con *A. brasilense* Sp245, de semillas de *L. sativa* cv Elisa y su ulterior desarrollo bajo condiciones normales y de salinidad. También comprenden los eventuales efectos benéficos de la bacteria con relación al trasplante de los plantines y determinación del estado fisiológico, el crecimiento y la capacidad antioxidante de las plantas hasta la cosecha. Por último, si la inoculación con *Azospirillum* influencia la vida útil post-cosecha, con énfasis en la calidad nutricional del producto comercial obtenido. Comprende las siguientes etapas:

ETAPA 1. INOCULACIÓN, GERMINACIÓN Y CRECIMIENTO INICIAL.

ETAPA 2. DESARROLLO DE PLANTINES HASTA EL TRASPLANTE.

ETAPA 3. CRECIMIENTO POST-TRASPLANTE, HASTA LA COSECHA.

ETAPA 4. EFECTOS DEL ALMACENAMIENTO POST-COSECHA.

ETAPA 1. INOCULACIÓN, GERMINACIÓN Y CRECIMIENTO INICIAL.

Los ensayos correspondientes a esta etapa se efectuaron en cámara de crecimiento (Materiales y Métodos, sección 2.2).

3.1. CINÉTICA DE IMBIBICIÓN DE LAS SEMILLAS DE *L. sativa*.

Para observar una respuesta efectiva de las plantas a la inoculación con *Azospirillum*, es crucial que las semillas posean un número adecuado de células bacterianas en su interior. Con el objetivo de determinar el tiempo y el volumen mínimo de inóculo a utilizar durante el tratamiento de inoculación de *L. sativa* Cv Elisa con *A. brasilense* se estudió la cinética de imbibición de las semillas en buffer fosfato vs. tiempo de imbibición (Tabla 1).

Tabla 1. Buffer fosfato pH 7.0 (mL) incorporado por las semillas de *L. sativa* a lo largo del período de imbibición.

	Tiempo (minutos) de imbibición						
	0	30	60	90	120	150	300
BFA (mL)	0.00 f	0.13 e	0.21 d	0.27 c	0.29 ab	0.30 a	0.31 a

BFA: volumen de buffer fosfato incorporado por 50 semillas de lechuga durante la imbibición. Letras distintas indican diferencias ($P \leq 0.05$) entre las mediciones según el test del LSD. El error estándar de las medias (SEM) fue inferior al 1%.

Transcurridos 150 min. de la imbibición se alcanzó la fase estacionaria de la curva. Considerando el volumen total incorporado al final de dicha fase, se calculó el tiempo para el cual las semillas de lechuga absorbían el 70% del volumen total imbibición (sección 2.2.2). Acorde a ello, el tiempo mínimo de inoculación se fijó en 90 min.

3.2 COLONIZACIÓN DE SEMILLAS Y RAÍCES DE *L. sativa* POR *A. brasilense* LUEGO DE LA INOCULACIÓN CON LA BACTERIA.

La Tabla 2 muestra los niveles de colonización efectiva lograda en raíces de lechuga de 10 dds crecidas en condiciones normales y de salinidad (40 y 80 mM de NaCl), a partir de semillas tratadas con inóculos calculados (según 2.2.1) en 10^6, 10^7, 10^8, 10^9, 10^{10} y 10^{11} células de *Azospirillum*.semilla^{-1}.

Tabla 2. Número más probable (NMP) de células de *A. brasilense* Sp245 en raíces de plántulas de *L. sativa* a los 10 días desde la siembra (dds), provenientes de semillas inoculadas con distintos niveles de inóculo y cultivadas en cámara de germinación a 0, 40 u 80 mM NaCl.

Salinidad (mM NaCl)	Células de *A. brasilense*. semilla^{-1} calculadas en el inóculo						
	0	10^6	10^7	10^8	10^9	10^{10}	10^{11}
	Células de *A. brasilense*. plántula^{-1}						
0	1.0 10^3	9.5 10^4	2.0 10^5	1.5 10^6	4.5 10^6	2.0 10^6	9.5 10^7
40	1.5 10^2	4.5 10^3	7.0 10^3	9.5 10^4	1.5 10^6	7.5 10^6	7.5 10^6
80	1.0 10^2	2.5 10^3	1.5 10^3	4.5 10^3	3.5 10^4	5.0 10^4	3.0 10^4

Estos resultados están indicando que: a) si bien las concentraciones de inóculo calculadas entre 10^8, 10^9 y 10^{10} células de *A. brasilense*. semilla^{-1}, representan dos órdenes de magnitud entre los extremos, la colonización efectivamente lograda en condiciones normales para los tres casos fue del orden de 10^6 células de *A. brasilense*. plántula^{-1}; b) en condiciones de estrés salino, a partir de 10^9 y hasta 10^{10} células de *A. brasilense*. semilla^{-1}, el orden de magnitud fue de 10^5 y 10^4 células de *A. brasilense*. plántula^{-1}. En base a estas consideraciones, el inóculo primariamente adoptado para los experimentos sucesivos fue el correspondiente a una concentración calculada en 10^9 células de *A. brasilense*. semilla^{-1}.

3.3 GERMINACIÓN Y CRECIMIENTO INICIAL DE *L. sativa* cv. ELISA INOCULADA CON *A. brasilense* Sp245.

3.3.1 Siembra sobre papel.

El estudio de la EG de las semillas de lechuga se efectuó a los 4 dds donde, según lo establecido en las normas ISTA (2004), se cuantificó la presencia de semillas con protusión de radícula.

El análisis estadístico de los resultados mostró una interacción significativa ($P \leq 0.05$) entre los niveles de los factores salinidad y los del factor inóculo, por lo que las medias dentro de cada nivel de estrés y de inóculo fueron comparadas mediante el test LSD ($\alpha = 0.05$).

Respecto del factor salinidad, la EG de las semillas sin inocular experimentó una importante caída a medida que se incrementó el nivel de NaCl en el medio (Figura 1). En relación al nivel 0 de salinidad, la reducción en la EG fue estadísticamente significativa a 80 mM de NaCl (33%). Sin embargo, en relación con el factor inóculo, se encontró que la EG disminuía significativamente a concentraciones mayores que 80 mM de NaCl respecto a la situación sin estrés salino (datos no mostrados).

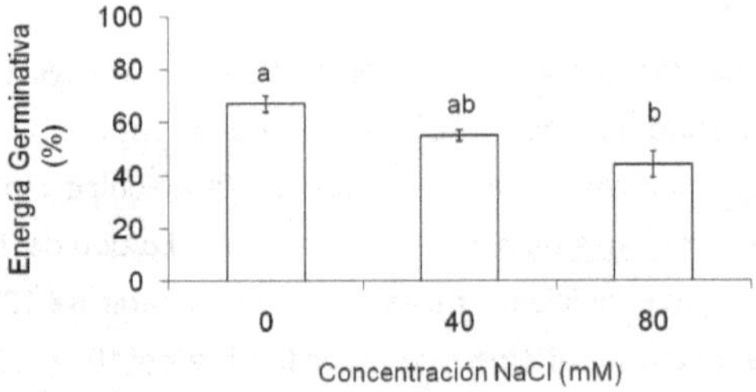

Figura 1. Energía germinativa (EG) a los 4 días desde la siembra de semillas de *L. sativa* controles sin inocular (C) sembradas sobre papel en cajas de petri y cultivadas en cámara de germinación con 0, 40 y 80 mM NaCl. Letras diferentes indican diferencias significativas entre los niveles de estrés según el test LSD ($P \leq 0.05$).

Respecto del factor inóculo, la Figura 2 muestra los valores de EG obtenidos para los distintos niveles de estrés ensayados, con respecto a los controles sin inocular.

A 0 mM NaCl, el mayor incremento de la EG (33%) se manifestó en las semillas inoculadas con 10^9 células de *A. brasilense*.semilla^{-1} (Figura 2, A).

A 40 mM NaCl, los mayores aumentos en la EG (46%) se obtuvieron en las semillas inoculadas con 10^9 y 10^{10} células de *A. brasilense*.semilla^{-1} (Figura 2, B).

A 80 mM de NaCl, únicamente la inoculación con 10^7 células de *A. brasilense*.semilla^{-1} incrementó (en un 13%) la EG (Figura 2, C).

En suma, la inoculación con *Azospirillum* incrementó significativamente la EG a todos los niveles de NaCl ensayados.

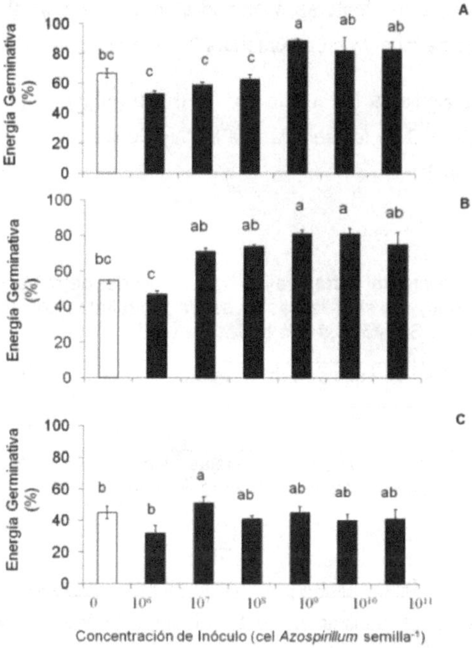

Figura 2. Energía germinativa (EG) a los 4 días desde la siembra, de semillas de *L. sativa* inoculadas con niveles de 10^6, 10^7, 10^8, 10^9, 10^{10} y 10^{11} células de *A. brasilense* Sp245. semilla^{-1} ó con buffer fosfato (control), sembradas sobre papel en cajas de petri y cultivadas en cámara de germinación con: 0 (A), 40 (B) y 80 (C) mM NaCl. Letras diferentes indican diferencias significativas entre los niveles de estrés según el test LSD ($P \leq 0.05$).

Por otra parte, las normas ISTA (2004), proponen para *L. sativa* y en continuidad con la EG, un segundo conteo a los 7 dds, denominado Poder Germinativo (PG). En el mismo se contabilizaron solamente las plántulas de aspecto normal, es decir con la presencia de los cotiledones intactos, abiertos y verdes, un hipocótilo recto y blanco y la raíz primaria intacta. Se consideraron anormales aquellas plántulas de *L. sativa* con cotiledones deformes, necróticos, decolorados o con las cubiertas seminales pegadas; con un hipocótilo corto, retorcido o muy grueso y una raíz primaria agrietada, muy corta o muy delgada.

A diferencia de la EG, no fue significativa la interacción (α = 0.05) entre los niveles de los factores salinidad e inóculo para el PG. Sin embargo, sí lo fueron los efectos principales de los factores salinidad e inóculo según el test LSD ($P \leq 0.05$). Estos resultados se muestran en las tablas 3 y 4, respectivamente.

En forma similar a lo hallado con la EG e independientemente del nivel de inóculo utilizado, el PG de las semillas de lechuga disminuyó ($P \leq 0.05$) a 80 mM NaCl en un 43% (Tabla 3).

Tabla 3. Efecto del estrés salino sobre el poder germinativo (PG) a los 7 días desde la siembra (dds), de semillas de *L. sativa* inoculadas con diferentes concentraciones de *A. brasilense* Sp245 (I) ó con buffer (C, control).

Nivel de salinidad (mM NaCl)	0	40	80
PG (%)	90±2a	91±1a	63±4b

Letras distintas indican diferencias significativas entre los niveles de estrés independientemente del nivel de inóculo, según el test LSD ($P \leq 0.05$).

Respecto del factor inóculo, e independientemente del nivel de estrés salino aplicado en el medio, al analizar el efecto principal de este factor se detectó que un inóculo calculado en 10^9 células de *Azospirillum*.semilla^{-1} permitía lograr una mayor proporción de plántulas de aspecto normal a los 7 dds, traduciéndose en un mayor PG (Tabla 4). En cambio, el PG de las semillas inoculadas con los niveles de 10^6 y 10^{11} células de *Azospirillum*.semilla^{-1} no difirió del PG de las semillas controles sin inocular (Tabla 4).

Tabla 4. Efecto de la inoculación sobre el poder germinativo (PG) a los 7 días desde la siembra (dds), de semillas de *L. sativa* inoculadas con diferentes concentraciones de *A. brasilense* Sp245 (I) ó con buffer (C, control) y expuestas a distintas concentraciones de NaCl.

Nivel de inóculo	0	10^6	10^7	10^8	10^9	10^{10}	10^{11}
PG (%)	62±8b	56±7b	63±6ab	60±5ab	72±8a	67±7ab	58±8b

Nivel de inóculo: representa el número de células de *A. brasilense* estimado por semilla en el volumen total de imbibición. Letras distintas indican diferencias significativas entre los niveles de inóculo independientemente del nivel de estrés, según el test LSD ($P \leq 0.05$).

Resumiendo, la inoculación de semillas de lechuga con un inóculo calculado en 10^9 células de *Azospirillum*.semilla^{-1} logró revertir los efectos negativos del estrés salino sobre el PG en un 100% y 60% cuando la germinación procedió a 40 y 80 mM NaCl, respectivamente (Tabla 4).

Los resultados primarios obtenidos sobre la colonización efectiva de raíces de lechuga lograda con un inóculo calculado en 10^9 células de *Azospirillum*.semilla^{-1} (Tabla 2) y el efecto promotor del PG evidenciado bajo condiciones normales y de estrés salino (Tabla 4), fueron determinantes en la adopción de esta concentración de inóculo para los experimentos subsiguientes.

3.3.2 Siembra en un sustrato soporte.

Si bien la inoculación con *Azospirillum* permitió paliar el efecto negativo del estrés causado por el NaCl en la germinación de *L. sativa* (Fig. 2 y Tabla 4), el experimento se realizó en cajas de petri sobre láminas de papel bajo condiciones controladas de temperatura y fotoperíodo, en las que el agua y el oxígeno estuvieron completamente disponibles para el proceso de imbibición (sección 2.2.3). Dado que la producción agrícola de plántulas no se efectúa germinando previamente las semillas sobre papel, resultó interesante evaluar si el efecto benéfico de la inoculación se mantenía al utilizar un sustrato comercial como soporte de las semillas durante la prueba de germinación (sección 2.2.4), lo cual se muestra a continuación.

Se definió como E_4 a la etapa de 4 dds en que los cotiledones comenzaron a emerger a la superficie del sustrato, proceso que se estabilizó a los 10 dds (E_{10}, Figura 3).

El análisis estadístico de la emergencia en E_4 mostró una interacción significativa ($P \leq 0.05$) entre los niveles de los factores salinidad y los del factor inóculo, por lo que las medias dentro de cada nivel de estrés y de inóculo fueron comparadas mediante el test LSD ($\alpha = 0.05$).

Considerando el factor salinidad, la E_4 de las semillas C disminuyó en todas las concentraciones de NaCl ensayadas, mientras que en relación con el factor inóculo, en las semillas I la E_4 experimentó incrementos del 30%, 48% y 76% por sobre las C a los niveles respectivos de 0, 40 y 80 mM de NaCl (Figura 3).

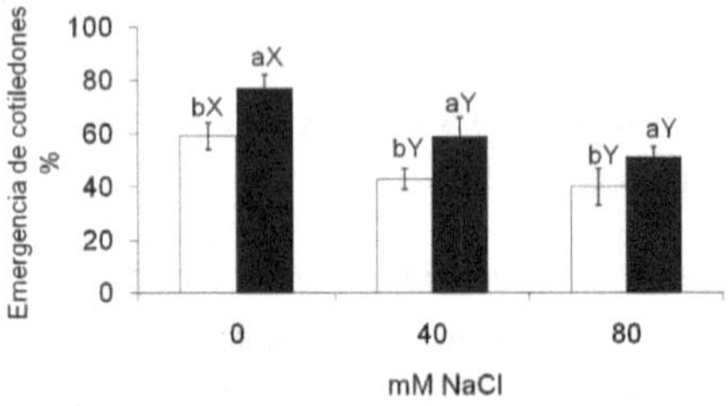

Figura 3. Emergencia de cotiledones (E_4) a los 4 dds, en semillas de *L. sativa* control (□) e inoculada con *Azospirillum* (■), sembradas en un sustrato comercial, cultivadas en cámara de germinación e irrigadas con distintas concentraciones de NaCl. Letras mayúsculas diferentes indican diferencias significativas entre los niveles de estrés a cada nivel de inóculo y letras minúsculas distintas indican diferencias significativas entre los niveles de inóculo a cada nivel de estrés según el test LSD ($P \leq 0.05$).

Al analizar la emergencia seis días después (E_{10}), se encontró que no fue significativa la interacción ($\alpha = 0.05$) entre los niveles de los factores salinidad e inóculo para el PG. Sin embargo, sí lo fueron los efectos principales de los factores salinidad e inóculo según el test LSD ($\alpha = 0.05$).

Independientemente de la inoculación, la mayor reducción en la E_{10} de las plántulas se manifestó a 80 mM de NaCl (Tabla 5). Sin embargo, al igual que en el ensayo en placa sobre papel, la inoculación con *Azospirillum* logró revertir el efecto negativo de la salinidad sobre la E_{10} de las semillas sembradas en un sustrato comercial y germinadas bajo condiciones controladas de temperatura y fotoperíodo (Tabla 5).

Tabla 5. Efectos del estrés y de la inoculación con *Azospirillum* en la emergencia de cotiledones de lechuga (E_{10}), a los 10 días desde la siembra (dds) en cámara de germinación bajo condiciones controladas.

Efecto del estrés[(1)] (mM NaCl)			Efecto del inóculo[(2)]	
0	40	80	Control	Inoculado
94±4a %	89±4ab %	83±8b %	67±4b %	75±5a %

Según el test LSD, letras distintas indican diferencias significativas ($P \leq 0.05$) entre [(1)] los niveles de estrés independientemente del nivel de inóculo; y [(2)] entre los niveles de inóculo independientemente del nivel de estrés.

En resumen, con respecto a la **germinación** los resultados obtenidos con semillas inoculadas con *Azospirillum* y germinadas en un sustrato comercial, concuerdan con los hallados previamente sobre papel (sección 3.2.1).

Por otra parte, la Figura 4 muestra el aspecto visual de plantas C e I de lechuga luego de la inoculación con *Azospirillum* y crecimiento inicial en cámara durante 10 días, a distintas concentraciones de NaCl.

Figura 4. Aspecto de las plántulas de lechuga controles no inoculadas (C) e inoculadas con *Azospirillum* (I) a los 10 dds, creciendo en cámara de germinación sobre un sustrato comercial irrigado con soluciones conteniendo 0, 40 y 80 mM NaCl.

Si bien a los 10 dds se pudo observar un mayor desarrollo de la porción aérea y de la radical (Figura 4) en las plántulas provenientes de semillas inoculadas, el análisis estadístico del ANOVA sobre el PSA y del PSR no detectó interacción significativa entre los niveles de los factores inóculo y salinidad, ni efecto principal de los factores inóculo y salinidad, con un nivel de confianza del 95%.

ETAPA 2. <u>DESARROLLO DE PLANTINES HASTA EL TRASPLANTE</u>.

Los ensayos correspondientes a esta etapa se efectuaron en invernadero (Materiales y Métodos, sección 2.3).

Lo reportado hasta este punto describe los efectos de la salinidad y de la inoculación con *Azospirillum* sobre la germinación de la lechuga, en experimentos realizados en cámara de crecimiento bajo condiciones controladas de temperatura y fotoperíodo, que no son las prevalecientes en la industria hortícola. Por este motivo, los ensayos subsiguientes se llevaron adelante en invernadero, extendiendo además el período de crecimiento desde la germinación, resultados que se describen en esta etapa y en la que le sigue.

3.4 CRECIMIENTO, ESTADO FISIOLÓGICO Y CALIDAD.

3.4.1. Indicadores tempranos: a) porcentaje de establecimiento de las plántulas (E_5, E_{10} y E_{15}), velocidad media de germinación (VMG), PF, PSA y PSR; b) área foliar; c) número de hojas por planta; d) capacidad antioxidante total.

Tanto la preparación del inóculo como el grado de colonización efectiva de las semillas se describieron en la sección 3.2.

El ensayo se realizó en un invernadero climatizado, bajo condiciones de luz, temperatura y humedad óptimas para el crecimiento de *L. sativa*. Se evaluó el efecto de la inoculación y del estrés salino en los parámetros básicos del crecimiento en *L. sativa*.

3.4.1.a) Porcentaje de establecimiento de las plántulas (E_5, E_{10} y E_{15}), velocidad media de germinación (VMG), PF, PSA, PSR.

La emergencia de las semillas de lechuga C e I tuvo lugar a los 4 dds (datos no mostrados). Entre los 7 y 10 dds las plántulas comenzaron a desarrollar las hojas verdaderas.

El análisis estadístico de indicadores del crecimiento a los 15 dds, entre ellos el porcentaje de establecimiento de las plántulas (E_{10}), el PF, el PSA y el PSR no presentó interacción significativa entre los niveles del factor inóculo y los del factor salinidad en ninguna de las variables analizadas. Por el contrario, fueron significativos ($P \leq 0.05$) los efectos principales del factor inóculo y del factor salinidad.

La Tabla 6 muestra el efecto principal del estrés salino (izquierda) y el efecto principal de la inoculación (derecha) luego de 15 días desde la siembra de semillas expuestas a 0 y 40 mM de NaCl.

Tabla 6. Emergencia, peso fresco, peso seco aéreo y de raíces de plántulas de *L. sativa* controles e inoculadas con *A. brasilense*, cultivadas en invernadero climatizado, sobre un sustrato irrigado con 0 y 40 mM NaCl *Efecto del estrés (izq.) y Efecto de la inoculación (der.)*

	Efecto del estrés(1) (mM NaCl)			Efecto de la inoculación(2)	
	0	40	80	Control	Inoculado
E_5	87±7a	77 ±10ab	73±11b	65 ±9b	81±7a
E_{10}	94±11a	85 ±8ab	77 ±5b	75 ±8b	84±6a
E_{15}	95±8a	86 ±10ab	80±10b	78±7b	86+6a
VMG	25±3a	21 ±3b	20±2b	20±3b	24±2a
PFA	0.62±0.09a	0.42+0.01b	0.40+0.03b	0.47+0.05b	0.59+0.06a
PSA	51.3+14.5a	27.5+10.1b	25.9+9.1b	33.0+9.82b	45.1+8.5a
PSR	19.1+4.0a	13.2+5.1b	11.3+5.4b	12.0+5.8ª	17.0+6.0a

Los datos se representan en cada caso como el valor promedio obtenido ± error estándar de la media. La emergencia de los cotiledones se expresa en % (E_5, E_{10} y E_{15}); la velocidad media de germinación (VMG) en % semillas de germinadas. día^{-1}, el peso fresco (PFA) en g planta^{-1}; y los pesos secos aéreos (PSA) y de raíces (PSR), en mg planta^{-1}. dds: días desde la siembra. Según el test LSD, letras distintas indican diferencias ($P \leq 0.05$) entre (1) los niveles de estrés independientemente del nivel de inóculo; y (2) entre los niveles de inóculo independientemente del nivel de estrés.

Independientemente del tratamiento de inoculación aplicado en las semillas, los valores de E_5, E_{10} y E_{15} de las plántulas disminuyeron ($P \leq 0.05$) considerablemente a 80 mM NaCl (Tabla 6). Sin embargo, tanto la VMG como el **PF**, el **PSA** y el **PSR** disminuyeron significativamente a los dos niveles de estrés aplicado (Tabla 6). Por el contrario, el tratamiento de inoculación con *Azospirillum* en las semillas logró revertir el efecto negativo de la salinidad sobre los principales indicadores del crecimiento evaluados, entre ellos **E_5**, **E_{10}**, **E_{15}**, la VMG, el **PF** y el **PSA** (Tabla 6).

3.4.1.b) Area foliar.

El análisis del **área foliar** a los 10 dds, presentó interacción significativa ($P \leq 0.05$) entre los niveles del factor inóculo y del factor salinidad.

El estrés salino disminuyó considerablemente ($P \leq 0.05$) el área foliar de las plántulas controles (53%) y de las inoculadas (31%). Independientemente de ello, el tratamiento de inoculación permitió obtener plántulas con mayor área foliar ($P \leq 0.05$) a 0 y 40 mM NaCl (Figura 5).

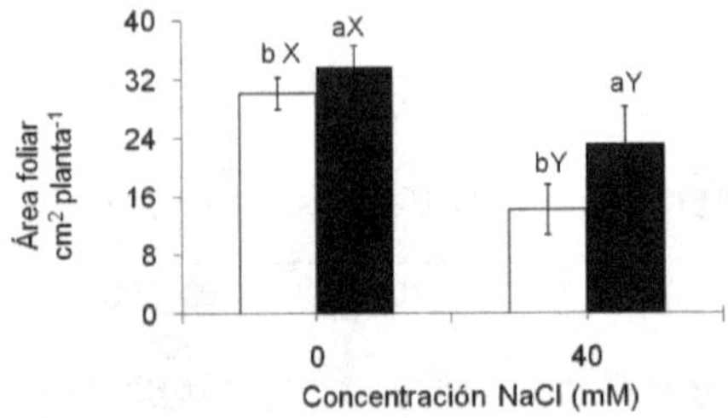

Figura 5. Área foliar a los 10 dds de *L. sativa* control (□) e inoculada con *Azospirillum* (■), sembrada en sustrato comercial irrigado con soluciones de NaCl en cámara de germinación. Letras mayúsculas diferentes indican diferencias significativas entre los niveles de estrés a cada nivel de inóculo y letras minúsculas distintas indican diferencias significativas entre los niveles de inóculo a cada nivel de estrés según el test LSD ($P \leq 0.05$).

3.4.1.c) Número de hojas por planta.

A los 10 dds e independientemente del tratamiento de inoculación, la salinidad impactó negativamente ($P \leq 0.05$) en el **número de hojas por planta**. Sin embargo, el tratamiento de inoculación no logró revertir significativamente ($P \leq 0.05$) el efecto del estrés en esta variable (datos no mostrados).

Del mismo modo, si bien se observó un mayor desarrollo de la **porción radical** de las plántulas I, en el análisis estadístico de comparación de las medias no detectaron diferencias estadísticamente significativas ($P \leq 0.05$) (datos no mostrados).

3.4.1.d) Actividad antioxidante total.

En una primera aproximación a la posibilidad que la inoculación con *Azospirillum* pudiese influir sobre el estado oxidativo de las plántulas recién emergidas, se llevó adelante un experimento donde se determinó la **actividad antioxidante total** mediante el método del radical DPPH (sección 2.3.2.1), a los 10 dds.

El análisis estadístico de esta variable a los 10 dds presentó interacción significativa entre los niveles del factor inóculo y los niveles del factor salinidad ($P \leq 0.05$). El estrés salino *per se* aumentó significativamente ($P \leq 0.05$) la actividad antioxidante total de las plántulas controles (68%) y de las inoculadas (39%). Por su parte, únicamente a 0 mM NaCl la inoculación incrementó (13%) la actividad antioxidante total de las plántulas (Figura 6).

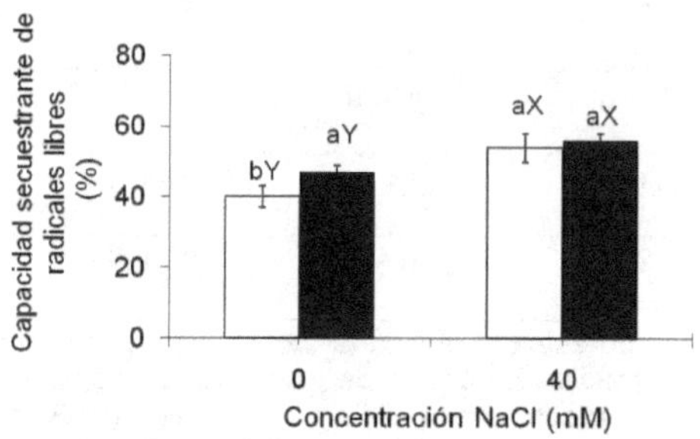

Figura 6. Actividad antioxidante total, expresada como la capacidad secuestrante de radicales libres por mg de peso seco a los 10 dds de plántulas controles e inoculadas con *A. brasilense*, cultivadas en un sustrato irrigado con 0 y 40 mM NaCl en invernadero climatizado. Letras mayúsculas diferentes indican diferencias significativas entre los niveles de estrés a cada nivel de inóculo y letras minúsculas distintas indican diferencias significativas entre los niveles de inóculo a cada nivel de estrés según el test LSD ($P \leq 0.05$).

3.4.2 Indicadores del crecimiento: desarrollo de hojas verdaderas, PSA y PSR

Con respecto al desarrollo de las porciones aérea y radical a los 20 dds, el análisis estadístico del porcentaje de hojas verdaderas (PHv), del PSA y del PSR no presentó interacción significativa ($\alpha = 0.05$) entre los niveles de los factores inóculo y salinidad. Sin embargo, sí lo fueron los efectos principales de los factores salinidad e inóculo según el test LSD ($P \leq 0.05$). Estos resultados se muestran en la Tabla 7.

Independientemente del factor inóculo, tanto el PHv como el PSA y el PSR de las plántulas disminuyeron al incrementar el nivel de salinidad en la solución de riego (Tabla 7). Esta reducción fue significativa a 80 mM NaCl para el PHv y el PSA, y a los

2 niveles de estrés para el PSR, en ambos casos con respecto a los cultivos a 0 mM NaCl. Sin embargo, independientemente de la concentración de NaCl del medio, la inoculación con *Azospirillum* logró revertir el efecto negativo de la salinidad sobre el PHv, el PSA y el PSR de las plántulas (Tabla 7).

Tabla 7. Efectos del estrés salino y de la inoculación con *Azospirillum* sobre el desarrollo de hojas verdaderas y el crecimiento inicial de plántulas de lechuga, a 20 días desde la siembra.

	Efecto del estrés(1) (mM NaCl)			Efecto de la inoculación(2)	
	0	40	80	Control	Inoculado
PHv	95±8a	86 ±10ab	80 ±10b	78±7b	86±6a
PSA	77.1±9.8a	57.9±4.2ab	36.1±3.1b	35.9±4.8b	58.0±9.1a
PSR	22.7±4.3a	15.9±5.2b	12.7±4.5b	10.0±1.6b	17.4±2.9a

Los datos se representan en cada caso como el valor promedio obtenido ± error estándar de la media. El número de plántulas con hojas verdaderas (PHv) se expresa en %, los pesos secos aéreos (PSA) y de raíces (PSR) se expresan en mg planta^{-1}. dds: días desde la siembra. Según el test LSD, letras distintas indican diferencias significativas ($P \leq 0.05$) entre (1) los niveles de estrés independientemente del nivel de inóculo y (2) entre los niveles de inóculo independientemente del nivel de estrés.

3.4.3 Indicadores de calidad.

Una práctica usual en la producción intensiva de hortalizas consiste en germinar las semillas en alvéolos ("plugs") de bandejas multiceldas hasta el estadío de plantines, los que luego son trasplantados por el productor al campo donde continúan su crecimiento y desarrollo hasta el momento de la cosecha. Este procedimiento indudablemente impone un insoslayable estrés de trasplante al plantín, donde la calidad del mismo es relevante para su ulterior subsistencia como planta.

A los 20 dds las plántulas de *L. sativa* correspondientes a todos los tratamientos presentaron más de 4 hojas verdaderas. Además, al desprenderlas de los alvéolos de las bandejas multiceldas, las raíces envolvían perfectamente cada pan de tierra, por lo que ya estaban en condiciones de ser trasplantadas. La Figura 7 muestra el aspecto de las plantas de lechuga controles no inoculadas e inoculadas con *Azospirillum*, al momento del trasplante y crecidas en invernadero climatizado, en sustrato irrigado con soluciones conteniendo 0 y 40 mM NaCl.

Figura 7. Aspecto de las plantas de lechuga controles no inoculadas e inoculadas con *Azospirillum*, al momento previo al trasplante y crecidas en invernadero climatizado en sustrato irrigado con soluciones conteniendo 0 y 40 mM NaCl.

Se consideraron indicadores de la calidad del plantín: el PSA, el PSR y el contenido de clorofila total ($CClf_T$). El análisis estadístico de estos parámetros, al momento del trasplante no presentó interacción significativa entre los niveles de los factores inóculo y salinidad, con un nivel de confianza del 95%. Sin embargo, presentaron efectos principales los factores salinidad e inóculo (Tabla 8). Tanto el PSA y el PSR como el $CClf_T$ de las plántulas disminuyeron al incrementar el nivel de salinidad en la solución de riego, independientemente del tratamiento de inoculación que hayan recibido las semillas (Tabla 8). Esta reducción fue significativa respecto al control a 80 mM NaCl para el PSA y a los 2 niveles de estrés para el PSR y el $CClf_T$. Independientemente del tratamiento de estrés salino aplicado, la inoculación revirtió el efecto negativo de la salinidad sobre la el PSA, el PSR y el $CClf_T$ de las plántulas al momento del trasplante (Tabla 8).

Resumiendo, las plántulas provenientes de semillas inoculadas con *Azospirillum* presentaron una evidente promoción del crecimiento y mejora de la calidad bajo el punto de vista del $CClf_T$ independientemente del nivel de estrés salino aplicado (Tabla 8).

Tabla 8. Efectos del estrés salino y de la inoculación con *Azospirillum* en el crecimiento y calidad de los plantines de *L. sativa*, al momento previo al trasplante.

	Efecto del estrés[1] (mM NaCl)			Efecto de la inoculación[2]	
	0	40	80	Control	Inoculado
PSA	129.5±9.9a	110.3±5.0a	62.4±4.3b	67.4±6.9b	92.2±7.1a
PSR	49.0±4.1a	35.8±1.8b	13.4±1.6c	21.0±2.6b	29.8±3.8a
$CClf_T$	4.11±0.51a	2.9±0.40b	1.66±0.52c	2.33±0.2b	2.55±0.13a

Los datos se representan en cada caso como el valor promedio obtenido ± error estándar de la media. Los pesos secos aéreos (PSA) y de raíces (PSR) se expresan en mg planta^{-1}; y el contenido de clorofila total ($CClf_T$) en mg. g PSA^{-1}. Según el test LSD, letras distintas indican diferencias significativas ($P \leq 0.05$) entre [1] los niveles de estrés independientemente del nivel de inóculo y [2] entre los niveles de inóculo independientemente del nivel de estrés.

Si bien la salinidad disminuyó el $CClf_T$, este efecto negativo fue revertido en las plántulas provenientes de semillas inoculadas con *Azospirillum* (Tabla 8). Sin embargo, las plántulas C e I cultivadas a 80 mM de NaCl presentaron muy bajo porte y aspecto clorótico, características que imposibilitarían su destino comercial (datos no mostrados). Por otra parte, se consideró que el número necesario de muestras a tomar teniendo en cuenta los tres niveles de estrés ensayados hasta el presente dificultaba la realización de los experimentos siguientes. Por lo tanto, se tomó la decisión que de aquí en más los estudios en invernadero destinados a evaluar los efectos de la inoculación de *L. sativa* con *A. brasilense* Sp245 serían efectuados a dos niveles de estrés salino: 0 y 40 mM de NaCl.

3.5. CAPACIDAD ANTIOXIDANTE.

3.5.1 <u>Actividad antioxidante y contenido de sustancias activas</u>: capacidad secuestrante de radicales libres; contenido de fenoles totales y contenido de flavonoides.

La Figura 8 A. muestra la **capacidad secuestrante de radicales libres (CSRL, %)** en el momento del trasplante de los plantines de en *L. sativa* inoculadas con *Azospirillum* y controles sin inoculadas creciendo a 0 y al 40 mM de NaCl. El análisis de varianza de la CSRL indicó una interacción significativa ($P \leq 0.05$) entre los niveles del factor salinidad y del factor inoculo. El estrés salino aumentó ($P \leq 0.05$) la CSRL en los plantines C y en los plantines I en un 35% y un 16% respectivamente (Fig. 8 A). La inoculación incrementó un 18% la CSRL a 0 mM de NaCl y no la modificó a 40 mM de NaCl.

La Figura 8 B. muestra el **contenido de fenoles totales (FT)** al momento del trasplante. En ambos momentos de muestreo, el análisis de la varianza del contenido de FT indicó una interacción significativa ($P \leq 0.05$) entre los niveles del factor salinidad y del factor inóculo. El estrés salino aumentó ($P \leq 0.05$) el contenido de FT en los plantines C y no los modificó en los plantines I. El tratamiento de inoculación con *Azospirillum* promovió un aumento en el contenido de FT únicamente en la situación sin estrés salino al trasplante (Fig. 8 B).

La Figura 8 C muestra el **contenido de Flavonoides (Fv)** al momento del trasplante. El análisis de la varianza del contenido de Fv indicó una interacción significativa ($P \leq 0.05$) entre los niveles del factor salinidad y del factor inóculo. El estrés salino aumentó ($P \leq 0.05$) el contenido de Fv en los plantines C y no los modificó en los plantines I (Fig. 8C) Las plantas I cultivadas con estrés salino presentaron menor contenido de Fv (Fig. 8C).

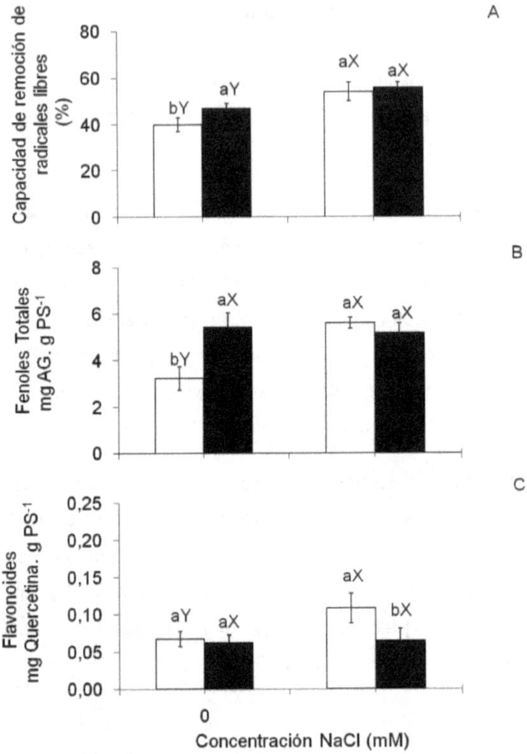

Figura 8. Capacidad secuestrante de radicales libres (A), contenido de fenoles totales (B) y de flavonoides (C), en plantines de lechuga controles no inoculados (□) e inoculados con *Azospirillum* (■) creciendo a 0 ó 40 mM de NaCl hasta el momento previo al trasplante. Letras mayúsculas diferentes indican diferencias significativas entre los niveles de estrés a cada nivel de inóculo y letras minúsculas distintas indican diferencias significativas entre los niveles de inóculo a cada nivel de estrés según el test LSD ($P \leq 0.05$).

3.5.2 Actividades enzimáticas: Superóxido dismutasa (SOD); Ascorbato peroxidasa (APX); Catalasa (CAT); Guayacol peroxidasa (PO).

El sistema antioxidante enzimático constituye una defensa activa contra los radicales libres generados por el estrés oxidativo, lo integran una serie de enzimas que trabajan en cadena para desactivar selectivamente radicales libres. Las actividades enzimáticas aquí descriptas corresponden a: superóxido dismutasa (SOD), catalasa (CAT), ascorbato peroxidasa (APX) y guayacol peroxidasa (G-POX).

Superóxido dismutasa (SOD). El análisis de varianza no presentó interacción significativa (α = 0.05) entre los niveles de los factores inóculo y salinidad. Sin embargo, sí lo fue el efecto principal del factor salinidad según el test LSD ($P \leq 0.05$).

Independientemente del tratamiento de inoculación, la actividad SOD al momento del trasplante aumentó ($P \leq 0.05$) un 21% debido al estrés salino mientras que independientemente del estrés, la inoculación no evidenció cambios en esta enzima (datos no mostrados).

Por otra parte, el análisis de varianza de las actividades APX, CAT y G-POX indicó al momento del trasplante, una interacción significativa ($P \leq 0.05$) entre los niveles del factor salinidad y del factor inóculo.

Ascorbato peroxidasa (APX). El estrés salino aumentó significativamente ($P \leq 0.05$) la actividad APX en las plantas C y no la modificó en las I (Fig. 9 A). La inoculación promovió un aumento en la actividad APX a 0 mM NaCl, no así a 40 mM NaCl (Fig. 9 A).

Catalasa (CAT). En forma similar a la APX, el estrés salino incrementó significativamente ($P \leq 0.05$) la actividad CAT en las plantas C y no la modificó en las I (Fig. 9 B). Asimismo, el tratamiento de inoculación aumentó la actividad CAT únicamente en la situación sin estrés salino (Figura 9 B).

Guayacol peroxidasa (G-POX). el estrés salino aumentó significativamente ($P \leq 0.05$) la actividad G-POX en las plantas C y no la modificó en las I (Fig. 9 C), mientras que el tratamiento de inoculación promovió un aumento en la actividad de esta enzima únicamente en la situación sin estrés salino (Fig. 9 C).

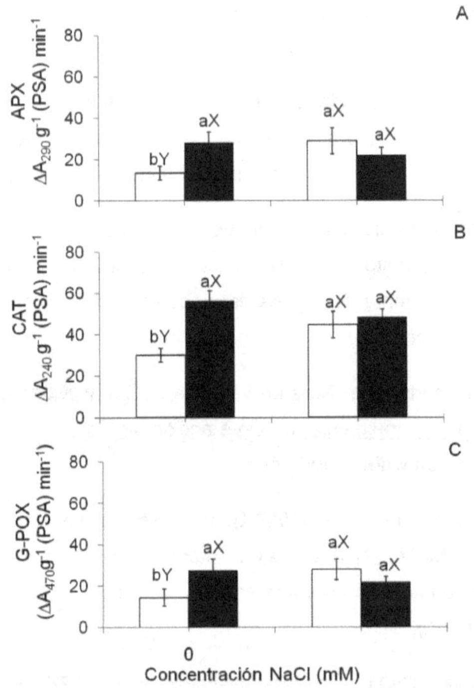

Figura 9. Actividades enzimáticas en el momento previo al trasplante. A: ascorbato peroxidasa (APX), B: catalasa (CAT) y C: guayacol peroxidasa (G-POX) de lechuga controles no inoculadas (□) e inoculadas con *Azospirillum* (■) creciendo a 0 ó 40 mM de NaCl. Letras mayúsculas diferentes indican diferencias significativas entre los niveles de estrés a cada nivel de inóculo y letras minúsculas distintas indican diferencias significativas entre los niveles de inóculo a cada nivel de estrés según el test LSD ($P \leq 0.05$).

ETAPA 3. CRECIMIENTO POST-TRASPLANTE, HASTA LA COSECHA.

Si bien esta sección continúa en parte el estudio de diversos parámetros analizados en la Etapa 2, el trasplante en sí presupone un estrés adicional, por lo que se decidió introducir la presente Etapa 3 a fin de facilitar el análisis y discusión de los resultados.

3.6 INDICADORES DEL CRECIMIENTO Y ESTADO FISIOLÓGICO.

3.6.1 Peso fresco aéreo (PFA), peso seco aéreo (PSA), peso seco de raíces (PSR) y contenido de clorofila total ($CClf_T$).

El análisis de varianza de estos indicadores del **crecimiento y estado fisiológico** no presentó interacción entre los niveles del factor salinidad-trasplante y los del factor inóculo ($\alpha = 0.05$). Así, en forma independiente del factor inóculo, el efecto principal del factor salinidad-trasplante sobre el PFA, el PSA, el PSR y el $CClf_T$ fue significativo ($P \leq 0.05$), disminuyendo todos estos parámetros al momento previo al trasplante y a lo largo de todo el período ulterior (Tabla 9, *parte superior*).

En lo que respecta al factor inóculo e independientemente del factor salinidad-trasplante, las plantas I mostraron aumentos significativos ($P \leq 0.05$) en: a) PFA en todos los períodos excepto a los 14 días desde el trasplante (ddt); b) PSA al trasplante y 7 ddt; c) PSR a 14 y 21 ddt; y d) $CClf_T$ al trasplante y a los 7 y 21 ddt (Tabla 9, *parte inferior*).

Tabla 9. Indicadores del crecimiento y estado fisiológico de *L. sativa* post-trasplante, en plantas controles e inoculadas con *A. brasilense*, crecidas a 0 y 40 mM NaCl. Efecto del estrés *(parte superior)*. Efecto de la inoculación *(parte inferior)*.

Efecto del estrés[1]

	7 días post-trasplante		14 días post-trasplante		21 días postrasplante	
	0 mM NaCl	40 mM NaCl	0 mM NaCl	40 mM NaCl	0 mM NaCl	40 mM NaCl
PFA	22.09±6.94a	16.19±4.86b	112.8±10.7a	78.4±25.5b	149.1±22.1a	115.31±15.3b
PSA	3.67±0.19a	2.54±0.26b	7.98±0.86a	5.40±1.19b	14.20±1.66a	8.97±1.95b
PSR	0.09±0.00a	0.07±0.00b	0.65±0.07a	0.37±0.04b	1.27±0.56a	0.60±0.35b
$CClf_T$	3.03±0.28a	2.76±0.23b	5.1.±0.58a	4.36±0.43b	8.36±0.41a	7.86±0.32b

Efecto del inóculo[2]

	7 días post-trasplante		14 días post-trasplante		21 días postrasplante	
	Control	Inoculado	Control	Inoculado	Control	Inoculado
PFA	16.03±7.46b	22.26±6.46a	97.46±29.61a	103.68±19.67a	122.44±15.3b	141.99±19.1a
PSA	2.27±0.29b	3.94±0.56a	5.94±1.92a	7.06±1.01a	10.44±2.43a	12.69±1.05a
PSR	0.08±0.00a	0.09±0.00a	0.37±0.12b	0.67±0.07a	0.75±0.46b	1.31±0.59a
$CClf_T$	2.65±0.42b	3.14±0.315a	4. 64±0.39a	4.17±0.49a	7.69±0.691b	8.52±0.437a

Los datos representan el valor promedio obtenido ± error estándar de la media. El peso fresco aéreo (PFA) y los pesos secos aéreo (PSA) y de raíces (PSR) se expresan en g. $planta^{-1}$; y el contenido de clorofila total ($CClf_T$) en mg.100 g PSA^{-1}. Según el test LSD, letras distintas indican diferencias significativas ($P \leq 0.05$) entre [1] los niveles de estrés independientemente del nivel de inóculo; y [2] entre los niveles de inóculo, independientemente del nivel de estrés.

La Figura 10 muestra el aspecto de plantas de lechuga controles no inoculadas (C) e inoculadas con *Azospirillum* (I), a los 14 días post-trasplante, cultivadas en invernadero climatizado en sustrato comercial irrigado con soluciones conteniendo 0 y 40mM NaCl. En concordancia con los datos de PSR aportados en la Tabla 9 (*parte inferior*), se puede observar en la figura un desarrollo pronunciado de las raíces en las plantas I comparadas con las C, desarrolladas en ambos casos tanto a 0 como a 40 mM NaCl.

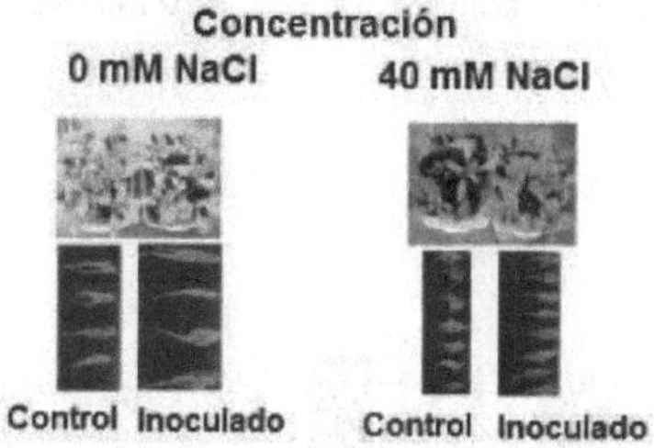

Figura 10. Aspecto de plantas de lechuga controles no inoculadas (C) e inoculadas con *Azospirillum* (I), a los 14 días post-trasplante, cultivadas en invernadero climatizado en sustrato comercial irrigado con soluciones conteniendo 0 y 40mM NaCl.

3.6.2 Tasas de crecimiento relativo (TCR) y de asimilación neta (TAN).

Las TCR y TAN se estudiaron durante el período de máximo crecimiento de *L. sativa*, es decir desde los 14 días postrasplante hasta la cosecha. El análisis de varianza reveló una interacción significativa ($P \leq 0.05$) entre los niveles del factor salinidad y del factor inóculo.

El estrés salino disminuyó ($P \leq 0.05$) la TCR en las plantas C, sin embargo no la modificó en las plantas I (Fig. 11 A). Sin embargo, mientras que a 0 mM NaCl no se observaron efectos sobre la TCR en las plantas I, a 40 mM NaCl la inoculación con *Azospirillum* revirtió el efecto negativo del estrés salinidad-trasplante (Fig. 11 A). De acuerdo a lo expresado anteriormente, de resultas de lo observado en las plantas crecidas a 0 mM NaCl, la inoculación no evidenció tener efecto sobre el estrés de trasplante en la TCR.

En cuanto al análisis de la TAN, se observó una reducción ($P \leq 0.05$) debido al estrés salino únicamente en las plantas C (Fig. 11 B). De manera similar a la TCR, mientras que no se observaron efectos a 0 mM NaCl, la inoculación revirtió el efecto negativo del estrés salinidad-trasplante (Fig. 11 B). Al igual que con la TCR, en las plantas crecidas a 0 mM NaCl no se evidenció efecto de la inoculación sobre el estrés de trasplante en la TAN.

En resumen, la inoculación con *Azospirillum* promovió tanto un mayor crecimiento relativo como la tasa de asimilación neta en plantas de lechuga expuestas a estrés salinidad-trasplante. No se observaron efectos debido a la inoculación en la situación de estrés debido solamente al trasplante (0 mM NaCl)

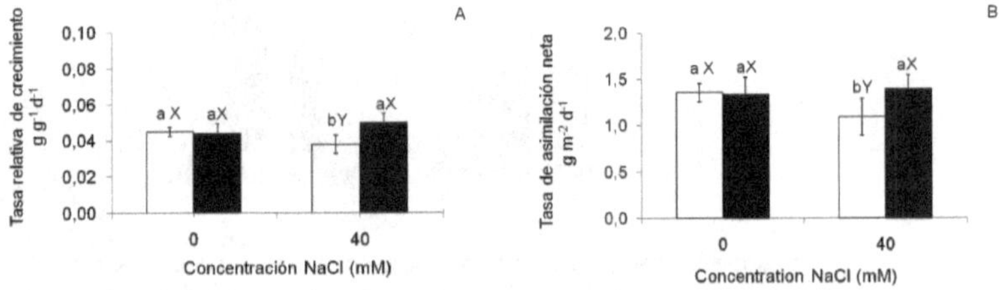

Figura 11. Tasa relativa de crecimiento (A) y Tasa de asimilación neta (B), en plantas de lechuga controles no inoculadas (□) e inoculadas con *Azospirillum* (■) creciendo a 0 ó 40 mM de NaCl. Letras mayúsculas diferentes indican diferencias significativas entre los niveles de estrés a cada nivel de inóculo y letras minúsculas distintas indican diferencias significativas entre los niveles de inóculo a cada nivel de estrés según el test LSD ($P \leq 0.05$).

Por un lado, los resultados de PFA, PSA, PSR y $CClf_T$ no permitieron separar estadísticamente el efecto del estrés de trasplante del salino (Tabla 11). Por el otro, la TCR y la TAN no mostraron diferencias significativas entre las plantas C e I crecidas a 0 mM NaCl y así expuestas por lo tanto solamente al estrés de trasplante (Fig. 11). Sin embargo, nada de esto indica que el estrés de trasplante no afecte la performance del cultivo. Este aspecto, así como el de la eventual acción paliativa de *Azospirillum* sobre el estrés de trasplante o sobre el estrés de la dupla salinidad-trasplante, pueden evidenciarse globalmente mediante la determinación a cosecha, del porcentaje de supervivencia de las plantas.

3.6.3 Supervivencia de las plantas al trasplante.

La Tabla 10 muestra el porcentaje de plantas cosechadas a partir de un número conocido de plantines trasplantados, esto es, la supervivencia de las plantas de cada tratamiento al momento de la cosecha. El análisis estadístico de estos datos se efectuó mediante el uso de las tablas de contingencia 4x2 e indicó que las proporciones binomiales de supervivencia entre los tratamientos fueron distintas entre sí, con un nivel de significancia del 95%.

Las plantas crecidas a 0 mM NaCl desde la germinación hasta la cosecha pueden proveer información acerca del posible efecto de *Azospirillum* como paliativo del estrés de trasplante. En cambio, aquéllas desarrolladas bajo condiciones de salinidad han sido sometidas a la suma de los dos estreses abióticos (de salinidad y de trasplante).

Acorde con los datos de las plantas C e I crecidas a 0 mM NaCl, el 22% de las plantas no subsiste al estrés de trasplante mientras que la inoculación con *Azospirillum* permite reducir la mortandad al 11% (Tabla 10). Por otra parte, las plantas crecidas a 40 mM NaCl han estado sometidas a la acción simultánea de los estreses salino y de trasplante. En este caso, la mortandad de las plantas C aumentó al 40% y al 27% en las I, respectivamente (Tabla 10).

Resumiendo, la inoculación con *Azospirillum* permite incrementar el porcentaje de supervivencia de la lechuga cuando es sometida tanto al estrés de trasplante como al de trasplante y de salinidad sumados.

Tabla 10. Supervivencia de las plantas al momento de la cosecha

Tratamiento			
0 mM NaCl		**40 mM NaCl**	
Controles	**Inoculadas**	**Controles**	**Inoculadas**
78 %	89 %	60 %	73 %

La proporción de plantas sobrevivientes a cosecha es diferente para cada tratamiento ($P \leq 0.05$)

3.7 CAPACIDAD ANTIOXIDANTE.

3.7.1 Actividad antioxidante y contenido de sustancias activas: Capacidad secuestrante de radicales libres; contenido de fenoles totales; contenido de flavonoides; contenido de ácido ascórbico.

Independientemente del tratamiento de inoculación, la salinidad redujo ($P \leq 0.05$) la **capacidad secuestrante de radicales libres** en un 28, 48 y 12% a los 7, 14 y 21 ddt, respectivamente (Tabla 11, *parte superior*). Por su parte, independientemente de la salinidad el tratamiento de inoculación incrementó ($P \leq 0.05$) la CSRL en un 32% y en un 24% a los 7 y a los 21 ddt, respectivamente (Tabla 11, *parte inferior*).

Independientemente del tratamiento de inoculación, la salinidad aumentó ($P \leq 0.05$) el **contenido de fenoles totales** en un 17 y un 39% a los 14 y 21 ddt, respectivamente (Tabla 11, parte *superior*). Sin embargo, durante ese mismo período e independientemente de la salinidad, las plantas inoculadas no mostraron diferencias significativas ($P \leq 0.05$) con las C (Tabla 11, *parte inferior*).

Independientemente del tratamiento de inoculación, la salinidad redujo ($P \leq 0.05$) el **contenido de flavonoides** durante todo el período de post-trasplante (Tabla 11, *parte superior*). Las plantas Inoculadas, independientemente la salinidad, presentaron mayores niveles de Fv (Tabla 11, *parte inferior*).

Con respecto al **contenido de ácido ascórbico** e independientemente del nivel de inóculo, la salinidad incrementó significativamente ($P \leq 0.05$) este parámetro durante todo el período de post-trasplante (Tabla 11, *parte superior*). Sin embargo, el efecto de la inoculación en promover un mayor contenido de AASC independientemente de la salinidad fue significativo ($P \leq 0.05$) solamente a partir de los 14 ddt (Tabla 11, *parte inferior*).

Tabla 11. Indicadores del estado oxidativo post-trasplante en *L. sativa* controles e inoculadas con *A. brasilense*, crecidas a 0 y 40 mM NaCl. Efecto del estrés *(parte superior)*. Efecto de la inoculación *(parte inferior)*.

			Efecto del estrés[1]			
	7 días post-trasplante		14 días post-trasplante		21 días post-trasplante	
	0 mM NaCl	40 mM NaCl	0 mM NaCl	40 mM NaCl	0 mM NaCl	40 mM NaCl
CSRL	42±5[a]	30±4b	40±7a	21±5b	49±2a	43±3b
FT	IS	IS	3.11±0.44b	3.66±0.30a	5.11+0.82b	7.14+0.87a
Fv	0.09±0.01a	0.05±0.01b	0.49±0.08a	0.18±0.09b	0.73±0.11a	0.48±0.13b
AASC	4.81±1.83b	7.27±1.28a	3.01±0.78b	5.06±1.14a	2.09±0.23b	2.59±0.1.8a
			Efecto del inóculo[2]			
	Control	Inoculado	Control	Inoculado	Control	Inoculado
CSRL	32±5[a]	42±6b	29±5a	32±6a	41±4b	51±6a
FT	IS	IS	3.59±0.23a	3.17±0.27a	6.17+0.54a	6.36+0.61a
Fv	0.05±0.01b	0.09±0.01a	0.21±0.09b	0.46±0.09a	0.65±0.12a	0.72±0.08a
AASC	5.42±1.09a	6.82±2.19a	3.24±1.07b	4.73±1.03a	1.78±0.1.3b	2.87±0.1.8a

La capacidad secuestrante de radicales libres (CSRL) se expresa en % de decoloración de una sc de DPPH 60 μM. g de PSA^{-1}; los fenoles totales (FT) en mg ácido gálico.g PSA^{-1}; los flavonoides (Fv) en mg quercetina. g PSA^{-1} y el ácido ascórbico (AASC) en mg AASC.g PSA^{-1}. Los datos representan el valor promedio obtenido ± error estándar de la media. IS: interacción significativa ($P < 0.05$). Según el test LSD, letras distintas indican diferencias significativas ($P \leq 0.05$) entre [1] los niveles de estrés independientemente del nivel de inóculo; y [2] entre los niveles de inóculo independientemente del nivel de estrés.

El análisis estadístico del contenido de fenoles totales (FT) a los 7 ddt reveló una interacción significativa ($P \leq 0.05$) entre los niveles de salinidad y los de inóculo (Tabla 11). Por este motivo, fue posible aislar los datos a 0 mM NaCl de los obtenidos a 40 mM NaCl, todo lo cual se representa en la Figura 12. El estrés aumentó ($P \leq 0.05$) el contenido de FT en los plantines C y no los modificó en los plantines I. El tratamiento de inoculación con *Azospirillum* promovió un aumento en el contenido de FT únicamente en la situación sin estrés salino (Fig. 12).

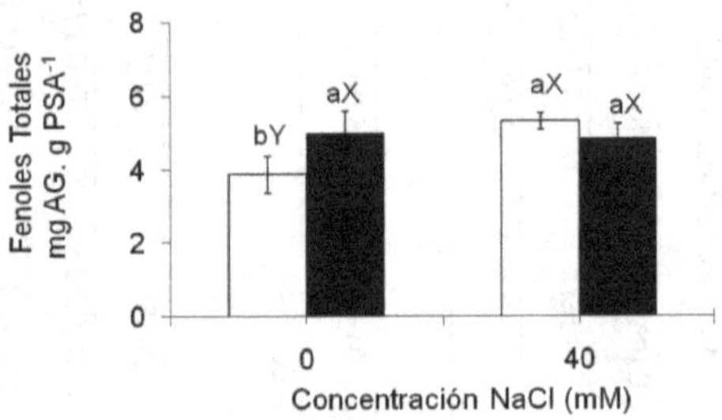

Figura 12. Contenido de Fenoles totales de lechuga controles no inoculados (□) e inoculadas con *Azospirillum* (■) creciendo a 0 ó 40 mM de NaCl a los 7 días post-trasplante. Letras mayúsculas diferentes indican diferencias significativas entre los niveles de estrés a cada nivel de inóculo y letras minúsculas distintas indican diferencias significativas entre los niveles de inóculo a cada nivel de estrés según el test LSD ($P \leq 0.05$).

3.7.2 <u>Actividades enzimáticas</u>: Superóxido dismutasa (SOD); Ascorbato peroxidasa (APX); Catalasa (CAT); Guayacol peroxidasa (G-POX).

Superóxido dismutasa (SOD). El análisis de varianza no presentó interacción significativa ($\alpha = 0.05$) entre los niveles de los factores inóculo y salinidad. Sin embargo, sí lo fue el efecto principal del factor salinidad según el test LSD ($P \leq 0.05$).

Independientemente del tratamiento de inoculación y debido al estrés salino, la actividad SOD aumentó ($P \leq 0.05$) un 32 % a los 7 ddt mientras que independientemente del estrés, la inoculación no evidenció cambios en la actividad de esta enzima (datos no mostrados).

Por otra parte, el análisis de varianza de las actividades APX, CAT y G-POX indicó una interacción significativa ($P \leq 0.05$) entre los niveles del factor salinidad y del factor inóculo a los 7 ddt, mientras que a los 14 ddt fue significativo únicamente el efecto principal de la salinidad. A los 21 ddt no fue significativa la interacción ni el efecto principal de la salinidad ni del inóculo, con un nivel de confianza del 95%.

Ascorbato peroxidasa (APX). A los 7 ddt el estrés salino aumentó significativamente ($P \leq 0.05$) la actividad APX en las plantas C y no la modificó en las I (Fig. 13 A). La inoculación promovió un aumento en la actividad APX a 0 mM NaCl, no así a 40 mM NaCl (Fig. 13 A). Esto estaría indicando un efecto de la inoculación con relación al estrés de trasplante mientras que el mismo no sería evidente en la suma del estrés de trasplante más el salino.

Dado que a los 14 ddt el análisis de varianza mostró que no existe interacción significativa ($\alpha = 0.05$) entre los niveles del factor salinidad-trasplante y del factor inóculo para esta enzima, independiente del tratamiento de inoculación, el estrés aumentó significativamente ($P \leq 0.05$) la actividad APX, de 15.36+3.73 a 36.16+5.05, expresada en ΔA_{290} g^{-1} (PSA) min^{-1}. No se observó efecto principal del tratamiento de inoculación en esta variable, con un nivel de significancia del 95% (datos no mostrados).

Catalasa (CAT). En forma similar a la APX, el estrés salino incrementó significativamente ($P \leq 0.05$) la actividad CAT en las plantas C y no la modificó en las I a los 7 ddt (Fig. 13 B). La inoculación también promovió un aumento en la actividad CAT a 0 mM NaCl, no así a 40 mM NaCl (Fig. 13 B). Esto estaría indicando un efecto de la inoculación con relación al estrés de trasplante mientras que el mismo no sería evidente en la suma del estrés de trasplante más el salino.

A los 14 ddt el estrés aumentó significativamente ($P \leq 0.05$) la actividad CAT, de 61.88+5.25 a 73.92+7.43, expresada en ΔA_{240} g^{-1} (PSA) min^{-1}. No se observó efecto principal del tratamiento de inoculación en esta variable, con un nivel de significancia del 95% (datos no mostrados).

Guayacol peroxidasa (G-POX). En forma similar a la APX y a la CAT, el estrés salino incrementó significativamente ($P \leq 0.05$) la actividad G-POX en las plantas C y no la modificó en las I a los 7 ddt (Fig. 13 C). La inoculación también promovió un aumento en la actividad G-POX a 0 mM NaCl, no así a 40 mM NaCl (Fig. 13 C). Esto estaría indicando un efecto de la inoculación con relación al estrés de trasplante mientras que el mismo no sería evidente en la suma del estrés de trasplante más el salino. A los 14 ddt, independientemente del tratamiento de inoculación, ni el estrés salino ni la inoculación modificaron la actividad G-POX, con un nivel de significancia del 95% (datos no mostrados).

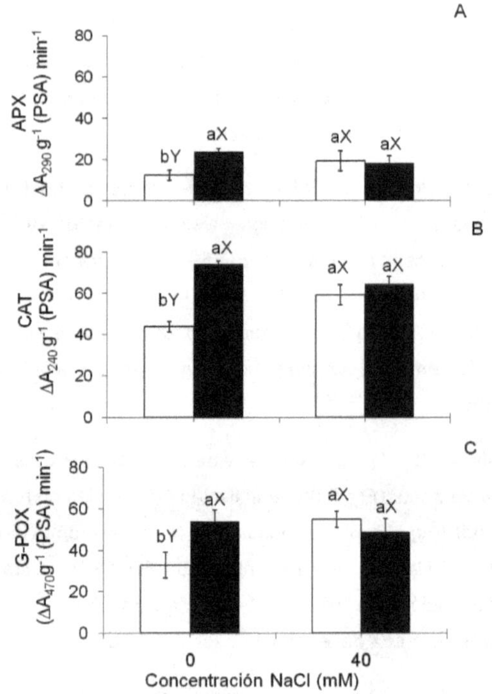

Figura 13. Actividades enzimáticas a los 7 días post-trasplante. A: Ascorbato peroxidasa (APX), B: Catalasa (CAT) y C: Peroxidasa (G-POX) de lechuga controles no inoculadas (□) e inoculadas con *Azospirillum* (■) creciendo a 0 ó 40 mM de NaCl. Letras mayúsculas diferentes indican diferencias significativas entre los niveles de estrés a cada nivel de inóculo y letras minúsculas distintas indican diferencias significativas entre los niveles de inóculo a cada nivel de estrés según el test LSD ($P \leq 0.05$).

ETAPA 4. EFECTOS DEL ALMACENAMIENTO POST-COSECHA.

Los ensayos correspondientes a esta etapa se efectuaron en cámara refrigerada (Materiales y Métodos, sección 2.4).

3.8 ESTADO FISIOLÓGICO.

La Figura 14 muestra el aspecto al momento de la cosecha, de plantas de *L. sativa* sin inocular e inoculadas con *A. brasilense*, crecidas a 0 y 40 mM NaCl. En ella se puede visualizar el mayor desarrollo tanto de la porción aérea como la radical, de las I con respecto a las C, ya sea bajo condiciones de crecimiento normal o de salinidad.

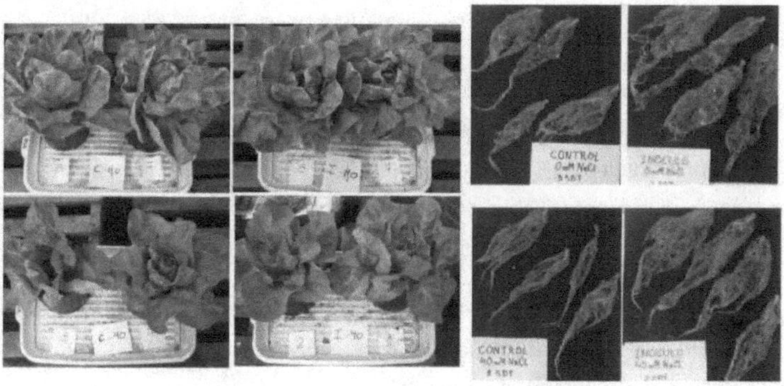

Figura 14. Aspecto a cosecha, de plantas de lechuga controles no inoculadas e inoculadas con *Azospirillum*, cultivadas en invernadero climatizado, en un sustrato comercial irrigado con soluciones conteniendo 0 y 40 mM NaCl

A cosecha y hasta 20 días de post-cosecha (dpc), el análisis de varianza indicó una interacción no significativa ($\alpha = 0.05$) entre los niveles del factor estrés y los del factor inóculo sobre el PFA, el PSA, el contenido relativo de agua y los contenidos de clorofila. Sin embargo, sobre estas variables fueron significativos ($P \leq 0.05$) los efectos principales del factor estrés y del factor inóculo (Tabla 12).

Biomasa aérea. Independientemente del tratamiento de inoculación aplicado, un nivel de salinidad de 40 mM de NaCl durante el crecimiento de las plantas de lechuga disminuyó la biomasa aérea (representada como el PFA y el PSA) a cosecha ($P \leq 0.05$), efecto que se mantuvo hasta los 20 dpc. Más allá del efecto del estrés, las plantas de lechuga inoculadas con *Azospirillum* mostraron una significativamente superior ($P \leq 0.05$) biomasa aérea durante el periodo de post-cosecha (Tabla 12).

Contenido relativo de agua. Independientemente de la inoculación, el estrés disminuyó significativamente ($P \leq 0.05$) el CRA a cosecha y 20 dpc, mientras que lo aumentó a 10 dpc (Tabla 12). La inoculación por su parte, incrementó significativamente ($P \leq 0.05$) el CRA a cosecha y 10 dpc, manteniéndose constante 20 dpc (Tabla 12).

Contenido de clorofila. Independientemente de la inoculación, el estrés disminuyó significativamente ($P \leq 0.05$) el $CClf_T$ a cosecha y 10 dpc, manteniéndose constante 20 dpc (Tabla 12).

La clorofila *a* (Clf_a) no mostró cambios con el estrés, mientras que la clorofila *b* (Clf_b) experimentó la misma tendencia que el $CClf_T$. La inoculación por su parte, incrementó significativamente ($P \leq 0.05$) el $CClf_T$ a cosecha y durante todo el período de almacenamiento (Tabla 12). La misma tendencia se manifestó tanto en el contenido de Clf_a como en el de la Clf_b (Tabla 12).

Resumiendo, la inoculación con *Azospirillum* mejora **a cosecha** la biomasa aérea, el contenido relativo de agua y el contenido de clorofila, de *L. sativa* crecida bajo estrés salino y de trasplante (Tabla 12).

Ahora bien, la lechuga tradicionalmente se escinde a cosecha a fin de comercializar solamente su porción aérea. Ello implica un estrés debido al corte, factor que contribuye a disminuir la calidad nutricional y comercial durante el período de almacenamiento ulterior. Por estos motivos, resulta importante ver si adicionalmente a la biomasa aérea, el CRA y el contenido de clorofila, la inoculación con *Azospirilllum* promueve otros cambios favorables al producto, y si eventualmente los mismos se extienden más allá de la cosecha.

Tabla 12. Indicadores del crecimiento y estado fisiológico de plantas de *L. sativa* controles e inoculadas con *A. brasilense*, crecidas a 0 y 40 mM NaCl. Efecto del estrés *(parte superior)*. Efecto de la inoculación *(parte inferior)*.

		Cosecha		***10 días post-cosecha***		***20 días post-cosecha***	
		0 mM NaCl	**40 mM NaCl**	**0 mM NaCl**	**40 mM NaCl**	**0 mM NaCl**	**40 mM NaCl**
Efecto del estrés (1)	PFA	217.2±7.4a	109.8±7.3b	209.6±8.1a	110.9±13.3b	218.1±7.6a	103.0±11.5b
	PSA	10.8±2.2a	6.1±1.1b	8.9±0.6a	6.1±1.5b	13.5±0.7a	5.39±0.5b
	CRA	74.7±1.3a	70.9±1.5b	72.8±1.2b	77.9±1.1a	77.6± 0,8a	71.3±1.1b
	$CClf_T$	8.53±0.19a	7.86±0.35b	7.20±0.39a	6.48±0.27b	6.24±1.0.13a	6.19±.0.18a
	Clfa	2.94±0.20a	2.78±0.21a	2.694±0.19a	2.414±0.21a	2.69±0.44a	2.41±0.21a
	Clfb	5.59±0.11a	5.08±0.13b	4.506±0.13a	4.066±014b	3.55±0.31a	3.78±0.38a
		Control	**Inoculado**	**Control**	**Inoculado**	**Control**	**Inoculado**
Efecto del inóculo (2)	PFA	149.6±15.5b	177.4±18.9a	142.2±9.7b	178.3±11.7a	141.7±28.1b	179.31±24.2a
	PSA	7.47±1.6b	9.49±1.6a	6.9±1.4b	8.1±1.8a	8.2±0.4b	9.7±0.9a
	CRA	70.4±1.3b	75.2±1.0a	73.9±1.3b	76.8±1.1a	71.0±1.7a	70.8±1.4a
	$CClf_T$	7.69±0.31b	8.69±0.27a	6.30±0.25b	7.34±3.2a	5.63±0.35b	6.79 ±0.33a
	Clfa	2.75±0.15b	2.99±0.19a	2.46±0.15b	2.62±0.18a	2.48±0.26a	2.62±0.39a
	Clfb	4.94±0.16b	5.73±0.08a	3.86±0.09b	4.72±0.14a	3.15±0.29b	4.17±0.32a

Los datos se representan en cada caso como el valor promedio obtenido ± error estándar de la media. Los pesos frescos aéreos (PFA) y secos (PSA) se expresan en g $planta^{-1}$; el contenido relativo de agua (CRA) en %; y el contenido de clorofila total ($CClf_T$) en mg g^{-1} PSA. Según el test LSD, letras distintas indican diferencias significativas ($P \leq 0.05$) entre (1) los niveles de estrés independientemente del nivel de inóculo; y (2) entre los niveles de inóculo independientemente del nivel de estrés.

3.9 CALIDAD NUTRICIONAL Y DE MERCADO.

El análisis de varianza indicó una interacción no significativa (α = 0.05) y efecto principal significativo ($P \leq 0.05$) tanto para el estrés como para la inoculación, en el contenido de ácido ascórbico, la tasa de oxidación relativa (TOR), la calidad visual global y los parámetros Hue, Chroma y L obtenidos a cosecha y hasta 20 dias de post-cosecha. La Tabla 13 muestra cómo los parámetros de calidad de mercado y nutricionales fueron afectados por la inoculación en lechuga cultivada bajo salinidad.

Contenido de ácido ascórbico y tasa de oxidación relativa. Tanto el estrés como la inoculación con *Azospirillum* desencadenaron un mayor contenido de ácido ascórbico a cosecha, variable acompañada por una menor TOR (Tabla 13). No obstante, mientras el ácido ascórbico disminuyó 20 días después del almacenaje por efecto de la salinidad, su contenido se mantuvo más alto en las plantas inoculadas con *Azospirillum* que en las controles sin inocular. Por otro lado, no se observaron diferencias en la TOR debido al estrés salino o a la inoculación con *Azospirillum* hacia el final del período de almacenaje (Tabla 13).

Calidad visual global promedia y caracterización del color. Mientras que la salinidad deterioró la calidad visual promedia de la lechuga a cosecha y hasta 10 días después de la misma, la inoculación con *Azospirillum* mejoró este parámetro a cosecha y a lo largo de todo el período de post-cosecha (Tabla 13).

Datos objetivos de las características del color como Hue, Chroma y L fueron evaluados con un cromatómetro. Mientras el estrés salino disminuyó el valor de Hue a cosecha, éste permaneció constante en las plantas inoculadas con *Azospirillum* y desarrolladas tanto a 0 como a 40 mM NaCl. Después de 20 dias de almacenaje, las plantas inoculadas con *Azospirillum* mostraron mayores valores Hue que las no inoculadas cultivadas a 40 mM NaCl (Tabla 13). Bajo condiciones de estrés salino, mientras que el Chroma disminuyó (menor saturación del color) a cosecha y hasta 10 días después, el valor L permaneció constante a cosecha pero disminuyó (menor luminosidad) posteriormente (Tabla 13). A cosecha, independientemente del nivel de salinidad aplicado durante el cultivo, el Chroma se mantuvo constante pero se observó un mayor L en las plantas inoculadas con *Azospirillum* que en las controles sin inocular (Tabla 13). Más aún, al final del período de almacenamiento post-cosecha un mayor Chroma y un L constante se manifestaron en las plantas inoculadas con *Azospirillum* (Tabla 13).

Tabla 13. Indicadores de la calidad nutricional y de mercado post-cosecha de plantas de *L. sativa* controles e inoculadas con *A. brasilense*, crecidas a 0 y 40 mM NaCl.

		Cosecha		*10 días post-cosecha*		*20 días post-cosecha*	
		0 mM NaCl	**40 mM NaCl**	**0 mM NaCl**	**40 mM NaCl**	**0 mM NaCl**	**40 mM NaCl**
Efecto del estrés (1)	AASC	2.09±0.23b	2.59±0.18a	1.57±0.35a	1.87±0.38a	1.56±0.99a	0.74±0.08b
	TOR	11.4±0.7a	9.6±0.4b	12.1±0.7a	8.3+0.1b	17.1±1.7a	16.5±1.1a
	CVG	8.5±0.2a	7.7±0.19b	7.6+0.28a	6.0±0.3b	6.4±0.5b	4.7±0.4b
	Hue	125±2a	121±2b	124±1a	120±2b	119±1a	120±2a
	Chroma	38.0±2.4a	34.1±2.1b	35.9 ±2.5a	33.3±1.7b	35.0±1.5a	34.4±1.9a
	L	54.0±1.7a	53.1±2.1a	52.7±2.7a	51.0±1.9b	54.1±2.4a	52.4±1.7b
		Control	**Inoculado**	**Control**	**Inoculado**	**Control**	**Inoculado**
Efecto del inóculo (2)	AASC	1.78±0.13b	2.87±0.18a	1.39±0.06b	2.05±0.16a	0.91±0.19b	1.38±0.15a
	TOR	11.3±0.6a	9.7±0.6b	10.3±0.3a	10.1±0.1a	16.4±0.9a	17.3±0.7a
	CVG	7.9±0.2b	8.4 ±0.1a	6.6±0.34b	7.0 ±0.2a	4.9±0.6b	6.1±0.3a
	Hue	122±2b	124±1a	121±2b	123±1a	118±1b	122±1a
	Chroma	39.7±1.7a	41.9±2.4a	39.1±2.4a	40.6±2.3a	37.1±1.9b	40.4±4.0 a
	L	54.8±2.8b	57.4±2.0a	53.3±1.9a	53.2±2.2a	52.2±2.5a	51.5±2.1a

Los datos representan el valor promedio obtenido ± error estándar de la media. El contenido de ácido ascórbico (AASC) en mg. g PSA^{-1}; la tasa de oxidación relativa (TOR) en %; la calidad visual global (CVG) en puntos; Hue en grados; el Chroma y L en valores absolutos. Según el test LSD, letras distintas indican diferencias significativas ($P \leq 0.05$) entre (1) los niveles de estrés independientemente del nivel de inóculo; y (2) entre los niveles de inóculo independientemente del nivel de estrés.

3.10 ACTIVIDAD ANTIOXIDANTE Y PARDEAMIENTO.

Actividad antioxidante total. Fue calculada a partir de datos obtenidos mediante la técnica del blanqueamiento del β-caroteno (sección 2.4.1). El análisis de varianza de este parámetro indicó una interacción significativa ($P \leq 0.05$) entre los niveles del factor inóculo y los del factor estrés. La Figura 15 muestra la actividad antioxidante (expresada como porcentaje de inhibición de la actividad oxidativa) a cosecha y a los 10 dias post-cosecha, en plantas de lechuga controles e inoculadas con *Azospirillum*, cultivadas a 0 y 40 mM NaCl. La actividad antioxidante de las hojas de lechuga no se modificó a cosecha debido al estrés, para las plantas controles como para las inoculadas con *Azospirillum* (Fig. 15). No obstante, la inoculación con *Azospirillum* aumentó este parámetro en plantas creciendo a 0 mol m^{-3} NaCl (Fig. 15). A los 10 días de almacenaje, la actividad antioxidante no se modificó debido al efecto del estrés en las plantas controles pero experimentó un significativo aumento en las plantas inoculadas con *Azospirillum* expuestas a la salinidad durante el crecimiento (Fig. 15).

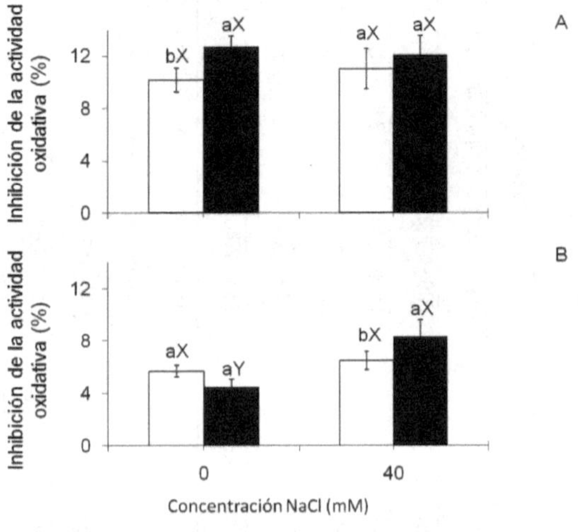

Figura 15. Inhibición de la tasa oxidativa expresada en porcentaje a cosecha (A) y a los 10 días de post-cosecha (B), de plantas de lechuga controles no inoculadas (□) e inoculadas con *Azospirillum* (■) cultivadas a 0 ó 40 mM de NaCl. Letras mayúsculas diferentes indican diferencias significativas entre los niveles de estrés a cada nivel de inóculo y letras minúsculas distintas indican diferencias significativas entre los niveles de inóculo a cada nivel de estrés según el test LSD ($P \leq 0.05$).

Índice de pardeamiento. Otra característica importante a tener en cuenta es el pardeamiento del tejido. El análisis de varianza de este parámetro indicó una interacción significativa ($P \leq 0.05$) entre los niveles del factor inóculo y los del factor salinidad. El estrés incrementó a cosecha y durante todo el período de almacenaje post-cosecha, el índice de pardeamiento en las plantas C, mientras que en las I el efecto fue evidente solamente a 20 días después de la cosecha (Fig. 16). Por otra parte, durante los períodos considerados en este estudio las plantas I crecidas a 0 mM NaCl no experimentaron cambios significativos en el índice de pardeamiento, mientras que este parámetro disminuyó en las I desarrolladas a 40 mM NaCl (Fig.16).

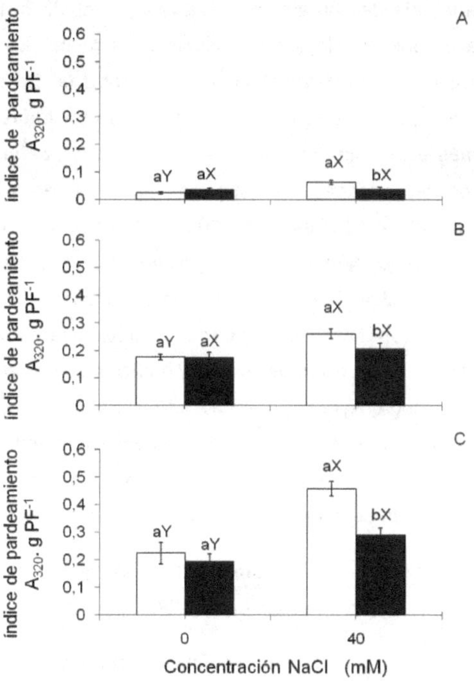

Figura 16. Índice de pardeamiento a cosecha y a los 10 y a los 20 días de post-cosecha (A, B y C respectivamente), en plantas de lechuga controles no inoculadas (□) e inoculadas con *Azospirillum* (■) cultivadas a 0 ó 40 mM de NaCl. Letras mayúsculas diferentes indican diferencias significativas entre los niveles de estrés a cada nivel de inóculo y letras minúsculas distintas indican diferencias significativas entre los niveles de inóculo a cada nivel de estrés según el test LSD ($P \leq 0.05$).

4 DISCUSION

1- La salinidad y el uso de Azospirillum como mitigante de estreses abióticos. Su aplicabilidad a la producción de hortalizas.

La salinidad es una fuerte limitante de la producción agrícola. Dependiendo de la especie vegetal y del nivel de sales presentes en el suelo y/o agua de riego, puede provocar desde la reducción del rendimiento y de la calidad a la cosecha, hasta la expiración del cultivo. La búsqueda de estrategias para incrementar la tolerancia de las plantas a la salinidad ha adquirido relevancia global. En la actualidad se perfilan dos enfoques agrobiotecnológicos principales: las modificaciones genéticas (Yamaguchi and Blumwald, 2005) y la biotecnología microbiana (Barassi et al., 2006). Dentro de este último aspecto, *Azospirillum* es una de las bacterias promotoras del crecimiento vegetal más estudiada (Bashan et al., 2004), capaz de incrementar el rendimiento de una importante cantidad de especies vegetales, en diferentes tipos de suelos y regiones climáticas (Barassi et al., 2007). Sin embargo, el éxito de los ensayos de los estudios de asociación planta-*Azospirillum* depende de una colonización radicular adecuada y efectiva (Okon and Labandera-González, 1994). Existen reportes de que la inoculación con *Azospirillum* podría constituir una estrategia válida para minimizar estreses abióticos en diversas especies hortícolas (Bashan et al., 2004 y Barassi et al., 2006). En lechuga, Ayrault (2001) reportó que la inoculación con *A. brasilense* Sp245 minimiza los efectos del estrés salino durante la germinación, y más recientemente Carrozzi y colaboradores (2012) mostraron que también es capaz de mitigar el efecto de envejecimiento de las semillas de esta hortaliza.

2- La sensibilidad de la lechuga a la sal y la creciente problemática de la salinidad en la producción bajo cubierta.

En particular, *L. sativa* ha sido definida como una especie moderadamente sensible a la salinidad (De Pascale and Barbieri, 1995; Bie et al., 2004; Kim et al., 2008; Al-Karaki, 2001). El cultivar de lechuga Elisa, seleccionado para la realización de los experimentos, es uno de los más utilizados por los productores en el cinturón hortícola de la zona de Mar del Plata y se caracteriza por adaptarse a siembras de todo el año, pero hasta el momento de inicio de la presente tesis se desconocía su tolerancia a la salinidad y su respuesta a la inoculación con *A. brasilense*.

Este aspecto cobra especial importancia si se tiene en cuenta la actual tendencia hacia la producción bajo cubierta, donde el medio soporte muestra en general un aumento creciente de la salinidad debido al manejo intensivo con riego, fertilizaciones y labranzas permanentes, que conducen a la degradación del suelo (Costa y Aparicio, 1999). En esta zona se han reportado conductividades eléctricas de la pasta del suelo en invernaderos destinados a la producción de plantines, que oscilan desde los 3 y los 6 $mS.cm^{-1}$ (Mittidieri, comunicación personal). En otras regiones, Andreau y colaboradores (2012) hallaron valores de conductividad eléctrica dentro del rango 5-8 $mS.cm^{-1}$ en suelos de invernaderos con 7 y 14 años de antigüedad productiva, respectivamente. Se ha establecido que el límite inferior de este parámetro para que un suelo sea considerado salino es de 4 $mS.cm^{-1}$, lo que equivaldría a una solución 40 mM NaCl (USDA, 1954).

3- El método de inoculación. La concentración bacteriana efectiva en promover la germinación y las concentraciones de NaCl consideradas estresantes en lechuga. Crecimiento bajo condiciones controladas (cámara de germinación). La acción promotora del crecimiento debida a la bacteria.

En general, la hidratación de las semillas es indispensable para dar inicio al proceso de germinación, pero la presencia de sales solubles en el medio de crecimiento disminuye el potencial osmótico del suelo desencadenando un déficit hídrico que altera el proceso de difusión de agua hacia la semilla y su consecuente imbibición (Sairam and Srivastava, 2002; Misra and Dwivedi, 2004), lo cual depende principalmente de la composición y permeabilidad de las cubiertas seminales (Bewley, 1997). La absorción de agua por la semilla sigue un patrón trifásico: una fase inicial de hidratación rápida seguida de un período de latencia y luego un segundo aumento, este último asociado con la emergencia de la radícula (Bewley, 1997). El método de inoculación utilizado en la presente tesis (*intra semen*) fue desarrollado por nuestro grupo de investigación (Creus et al., 1996) y se basa en introducir la máxima cantidad de bacterias en las semillas durante el período de rápida absorción de agua. Además del trigo, dicho sistema ha sido ensayado exitosamente en maíz (Casanovas et al., 2000), lechuga (Ayrault, 2002) tomate (Molina-Favero et al., 2008) y pepino (Pereyra et al., 2010).

Resultó importante entonces conocer cuánto volumen de líquido incorporaba la semilla de lechuga durante la imbibición y el tiempo que insumiría este proceso. El estudio de la cinética del mismo, empleando para ello buffer fosfato, indicó que era posible introducir el 70% del volumen total de líquido permitido por la semilla, en los primeros 90 min. de contacto. (Tabla 1). En segundo lugar, restaba conocer el número de *A. brasilense*.semilla^{-1} necesarios para colonizar efectivamente las semillas y a la vez, que esta concentración bacteriana fuese capaz de estimular una germinación efectiva bajo condiciones de salinidad. La etapa de germinación como tal fue considerada desde la hidratación inicial hasta la protrusión de la radícula, definida como energía germinativa (EG) y la aparición de cotiledones de aspecto normal (poder germinativo, PG), según las normas ISTA (2004). Okon y Labandera-González (1994) sugirieron que el efecto promotor de *Azospirillum* en el crecimiento de las plantas podría ser dependiente de la concentración efectiva de bacterias en las semillas y Spaepen y colaboradores (2008), demostraron que una sobre-inoculación con *Azospirillum* impacta negativamente en la elongación de la raíz. Es decir, que para observar una respuesta efectiva de las plantas a la inoculación, es crucial que las semillas incorporen un número adecuado de estas células en su interior. Resultados previos han demostrado que la inoculación con *Azospirillum* spp. es capaz de incrementar el porcentaje de germinación en *L. sativa*, empleando para ello inóculos con un nivel de 10^7 células de *Azospirillum*.semilla^{-1} (Ayrault, 2002).

La determinación de las concentraciones efectivas de *A. brasilense* en las raíces a los 10 dds, obtenida mediante los recuentos bacterianos del NMP (Tabla 2), demostró que inóculos calculados entre 10^8 y 10^{10} células de *A. brasilense*.semilla^{-1} permitían lograr una colonización en condiciones normales, del orden de 10^6 células de *A. brasilense*.plántula^{-1}. Este grado de colonización ha sido recomendado por Bashan (1986) como el óptimo para estimular el crecimiento vegetal en general y coincide con el hallado para la germinación bajo condiciones de estrés salino (Tabla 2).

Por otra parte y como se mencionó precedentemente, interesaba conocer el grado de tolerancia a la salinidad de *L. sativa* cv. Elisa durante la germinación. Experimentos de siembra realizados en cámara sobre un soporte de papel saturado con 80 mM NaCl mostraron que esta concentración de sal afectaba negativamente la protrusión de la radícula (Fig.1) y el número de plántulas de aspecto normal a los 7 dds (Tabla 3). Bajo condiciones similares, Zapata y colaboradores (2003) analizaron la germinación de nueve cultivares de lechuga a 150 mM NaCl y detectaron que la salinidad retrasaba principalmente la velocidad de germinación y el crecimiento, y en menor medida el porcentaje final de germinación. Cabe aclarar que ninguno de los cultivares evaluados por estos investigadores corresponde al tipo mantecoso como lo es Elisa y el cultivar evaluado por Barassi y colaboradores (2006), quienes al igual que en las determinaciones de la presente tesis, obtuvieron reducciones significativas en la germinación a partir de una concentración 80 mM de NaCl en la solución de riego.

Se ha reportado que la presencia de sales solubles en el medio impacta en la germinación y el crecimiento vegetativo de lechuga, principalmente a través de efectos osmóticos (Shannon, 1997; Tarakcioglu and Inal, 2002) y tóxicos debido a la presencia de iones específicos (Allakhverdiev et al., 2000; Munns and Tester, 2008). En este aspecto, Parida y Das (2005) señalaron que podrían ser ambos mecanismos los responsables en conjunto, de provocar el estrés salino. Si bien el cambio en el estado hídrico de la planta sería en última instancia la causa principal de la supresión del crecimiento, la acumulación de altas concentraciones de sales en el suelo podría alterar además diversos procesos bioquímicos, entre ellos la síntesis de proteínas, la fotosíntesis y el metabolismo lipídico (Parida and Das, 2005).

Convenientemente, la inoculación con *Azospirillum* promovió la EG (Fig. 2) y el PG (Tabla 4) en todos los niveles de salinidad evaluados. Sin embargo, los mayores incrementos en estas variables se manifestaron en las semillas inoculadas con 10^9 células de *A. brasilense*.semilla^{-1}. En consecuencia, se adoptó esta concentración de células en el inóculo como el estándar para los experimentos posteriores ya que permitió a la vez lograr el nivel de células por semilla recomendado por Bashan (1986) y maximizar el efecto promotor de la germinación bajo condiciones de crecimiento normales y de salinidad.

4- El crecimiento en alvéolos hasta el estado de plantines. El efecto de estrés de trasplante y la calidad de los plantines al momento previo al trasplante. La acción promotora del crecimiento debida a la bacteria.

Por otro lado, el trasplante de plantines que han sido cultivados en bandejas multialvéolos constituye una técnica comercial corriente que permite incrementar la uniformidad en el tamaño y la distribución de las plantas en el suelo, lo cual se traduce en un uso más eficiente de la superficie (Grossnickle, 2005). Sin embargo, para que el proceso sea exitoso es imprescindible contar con plantines de buena calidad, con una excelente relación entre la parte aérea y la raíz que les permitan tolerar el estrés abiótico generado por el trasplante en sí mismo (Mattsson, 1997). En este contexto, fue interesante analizar si el efecto promotor de *Azospirillum* sobre el crecimiento inicial de *L. sativa* cv. Elisa hallado en cámara de crecimiento, sería también evidente en un invernadero climatizado. Además, si la inoculación bacteriana podría mejorar la calidad del plantín desarrollado tanto bajo condiciones normales como de salinidad.

A los 4 dds emergieron los cotiledones a la superficie del sustrato (Fig. 3), proceso que se estabilizó a los 10 dds. Se observó que la reducción en el número de plántulas de aspecto normal por efecto del estrés salino era significativa recién a partir de una concentración 80 mM de NaCl mientras que independientemente del estrés, la inoculación con *Azospirillum* incrementaba este número (Tabla 5).

No obstante, podría ser que bajo las condiciones de crecimiento comercial en invernadero tanto la salinidad como la inoculación tuviesen efectos diferentes en etapas más avanzadas del desarrollo. En este aspecto, la tolerancia de varias especies de hortalizas a la sal en una determinada etapa del crecimiento no necesariamente se correlaciona con la tolerancia a otra etapa diferente (Shannon, 1997). Es más, Mahmoudi y colaboradores (2011) mostraron que dos variedades distintas de lechuga (Verte y Romana) podrían invertir su tolerancia relativa a la sal cuando ambas plantas crecen más allá de las etapas de germinación y establecimiento temprano de las plántulas. Esta reversión de la tolerancia a la salinidad probablemente sea debida a que las plantas poseen varios mecanismos que contribuyen a disminuir los efectos deletéreos de la misma, tales como la compartimentación de iones; la regulación de la síntesis de solutos compatibles y de hormonas vegetales; los cambios en las vías fotosintéticas; y la inducción del sistema de defensa antioxidante (Cheeseman, 1988; Parida and Das, 2005).

Sin embargo, en experimentos llevados adelante en invernadero climatizado, tanto el efecto negativo de la salinidad como el positivo de la inoculación sobre la emergencia de los cotiledones no experimentaron variaciones hasta los 15 dds (Tabla 6). Además, mientras que el estrés salino disminuyó la VMG, el PFA, el PSA y el PSR, la inoculación aumentó los tres primeros parámetros y mantuvo constante el cuarto, indicador de la biomasa radical (Tabla 6). Nuestros resultados coinciden con los de Zapata y col. (2003) quienes reportaron que la salinidad en *L. sativa* retrasa en mayor medida la velocidad media de germinación que el porcentaje final de germinación.

Los efectos beneficiosos de la inoculación con *Azospirillum* han sido parcialmente atribuidos al mayor desarrollo de la porción radical, lo que le permitiría a la planta incrementar la absorción de agua y nutrientes (Okon, 1985). Diversos autores han asociado la promoción del crecimiento en plantas inoculadas con *Azospirillum*, con la producción y el metabolismo de sustancias reguladoras del crecimiento vegetal tales como auxinas, citocininas, giberelinas, ácido abscísico y la diamina cadaverina (Tien et al., 1979; Bottini et al. 1989; Cassán et al. 2003; Perrig et al. 2007).

En este aspecto, la constancia del PSR en las plantas I como contrapartida de su disminución en las C podría estar directamente relacionada a los incrementos en biomasa aérea (Tabla 6), área foliar (Fig. 5) y número de hojas por planta (datos no mostrados) hallados en las plantas I.

Esta promoción del crecimiento radical fue más evidente en etapas de desarrollo más avanzadas. En las plantas inoculadas se observó una disminución del efecto negativo de la salinidad sobre el PSR a 20 dds (Tabla 7) y al momento previo al trasplante (Tabla 8). Resulta importante llegar a esta etapa con plantines de excelente calidad, que le permitan al productor hortícola no solamente lograr uniformar luego el stand de plantas en el suelo, sino también que las mismas alcancen rápidamente un vigoroso crecimiento vegetativo que permita mejorar la competencia con las malezas, la captación de la radiación y optimizar la absorción y uso del agua y nutrientes, con el consecuente efecto positivo sobre el rendimiento y la calidad del producto final (Page and Awarau, 2012). En este aspecto, Waterer y Coltman (1989) y Poldma y colaboradores (2008) reportaron efectos benéficos de la inoculación con micorrizas y microorganismos de los géneros *Bacillus, Varovorax, Staphylococcus, Trichoderma y Kocuria*, tanto en el crecimiento pre y post-trasplante del cultivo de lechuga cultivadas sin salinidad y en situaciones de estrés salino (Yildirim et al., 2011 y Teijeiro et al., 2011).

Resumiendo, desde la germinación hasta el establecimiento definitivo de los plantines, las plántulas de *L. sativa* surgidas de semillas inoculadas con *A. brasilense* Sp245 tuvieron un crecimiento superior a las controles, tanto bajo condiciones de crecimiento normales o de estrés salino. En efecto, durante esta etapa de desarrollo aumentaron las E_5, E_{10} y E_{15}; la VMG (Tabla 6); el área foliar (Fig. 5); el porcentaje de hojas verdaderas (Tabla 7); el PFA (Tabla 6); el PSA (Tablas 6, 7 y 8); y el PSR (Tablas 7 y 8).

Llegados a este punto, es importante traer a colación lo planteado por la primera de nuestras hipótesis:

I. *"La inoculación con A. brasilense Sp245 mejora la germinación y emergencia en plantas de L. sativa creciendo en condiciones controles y/o de estrés salino."*

Los resultados brevemente reseñados permiten no rechazar la misma.

Se ha reportado que determinados cultivares de *L. sativa* reaccionan al estrés salino provocando un aumento de la actividad antioxidante y que esta respuesta estaría asociada al incremento en fenoles y flavonoides (Neocleous et al., 2014). En nuestro caso, el estrés salino aumentó la actividad antioxidante total en las plantas C y en las I a los 10 dds (Fig. 6), como así también la capacidad secuestrante de radicales libres al momento previo al trasplante (Fig. 8). En esta última etapa también aumentaron los contenidos de FT y Fv en las plantas C e I (Fig. 8).Como contrapartida, únicamente en las plantas crecidas a 0 mM NaCl la inoculación con *Azospirillum* aumentó la capacidad antioxidante (Fig. 6), la CSRL y el contenido de FT (Fig. 8).

En cuanto a las actividades enzimáticas relacionadas, el estrés salino aumentó las actividades APX, CAT y G-POX en las plantas C pero no las modificó en las I. A su vexz, la inoculación incrementó estas actividades a 0 mM NaCl pero no las modificó a 40 mM NaCl (datos no mostrados y Fig. 9).

La segunda hipótesis (condicionada a la anterior) establecía que:

II. *"Comparada con la plántula sin inocular, el efecto promotor del crecimiento bajo condiciones salinas se correlaciona con una superior capacidad antioxidante del sistema bacteria-plántula."*

De acuerdo a los resultados explicitados precedentemente, la segunda hipótesis particular debe ser rechazada.

Independientemente de ello, el efecto promotor de *Azospirillum* sobre el crecimiento de la lechuga creciendo bajo condiciones normales concordó con un aumento tanto de la actividad antioxidante total; de la CSRL y el contenido de FT; como de las actividades APX, CAT y G-POX. Se abre así el interrogante de si un mejor estado antioxidante inducido por la bacteria en la planta podría ser parcialmente responsable del mecanismo de acción de la misma en promover el crecimiento bajo condiciones de cultivo no estresantes.

5- El crecimiento de las plantas bajo condiciones normales y de estrés salino, desde el trasplante hasta la cosecha. El efecto aislado del estrés de trasplante y el de la suma salino+trasplante. La acción promotora del crecimiento debida a la bacteria.

Tal como fue explicitado anteriormente, el trasplante impone un estrés por sí mismo, al que plántulas robustecidas por la inoculación con *Azospirillum* podrían tolerar mejor que las controles en lo que hace al crecimiento ulterior. En este sentido, la apreciación subjetiva del aspecto luego del trasplante (Fig. 10) muestra un aparente efecto promotor del crecimiento asociado a la inoculación, en plantas de lechuga crecidas tanto a 0 como a 40 mM NaCl. Los valores de PFA, PSA y PSR obtenidos al momento previo al trasplante y luego del mismo confirman en parte esta presunción (Tabla 9). Sin embargo, el análisis estadístico de estos datos no permitió separar el efecto del estrés de trasplante del salino (Tabla 9).

No obstante, el análisis estadístico de las TCR y TAN determinadas en el período de máximo crecimiento de la porción aérea de la planta nos permitió clarificar en parte esta cuestión. La TCR describe al crecimiento como un cambio en la biomasa por unidad de biomasa inicial y por unidad de tiempo mientras que la TAN expresa en gran medida el balance entre la ganancia (fotosíntesis) y la pérdida de carbono (respiración, transpiración y volatilización), expresado por unidad de área (Poorter and Remkes, 1990). Del Amor y Crespo (2012) demostraron en *Capsicum annun* que es posible mitigar el efecto del estrés salino sobre estos parámetros mediante la inoculación previa de este vegetal con *A. brasilense*. En las plantas de lechuga crecidas a 0 mM NaCl e inoculadas con *Azospirillum*, los valores de TCR y TAN no mostraron diferencias significativas con las no inoculadas (Fig. 11). Esto estaría indicando que en lo que a estos parámetros concierne, la bacteria no ejerce efecto en relación con el estrés de trasplante. Sin embargo, en las plantas crecidas a 40 mM NaCl *Azospirillum* promovió mayores TCR y TAN que en las controles no inoculadas (Fig. 11), con lo que la bacteria contribuiría a mejorar el crecimiento de la lechuga sometida al doble estrés salino-trasplante.

Por otra parte, los resultados expuestos en la Tabla 10 muestran a cosecha una mayor supervivencia de las plantas inoculadas que las controles, tanto cuando el crecimiento tuvo lugar bajo condiciones normales como de estrés. En particular, la mayor tasa de supervivencia en las plantas I que las C cuando ambas han crecido a 0 mM NaCl estaría indicando que *Azospirillum* es capaz de paliar el efecto negativo del estrés de trasplante solamente. En cambio, en el caso de las plantas desarrolladas bajo condiciones de salinidad, el efecto de la inoculación debe interpretarse como mitigante de la suma de los dos estreses abióticos (de salinidad y de trasplante). Es posible que el mayor desarrollo radicular en las plantas I a los 14 y a los 21 ddt (Tabla 9) haya permitido a las plantas I tolerar mejor el estrés salino en combinación con el estrés del trasplante y a su vez lograr una mayor supervivencia al momento de la cosecha (Tabla 10).

La tercera hipótesis particular establecía que:

III. *"La inoculación con A. brasilense Sp245 aumenta la tolerancia al estrés de transplante en L. sativa creciendo bajo condiciones normales y/o de estrés salino."*

Los resultados brevemente reseñados permiten no rechazar la misma

A los 10 dds, el estrés salino *per se* aumentó la CSRL de las plántulas C e I en un 68% y 39% respectivamente, mientras que únicamente a 0 mM NaCl la inoculación incrementó la misma (en un 13%) (Fig. 6). Ante estos resultados iniciales, resultó importante analizar **en el momento previo al trasplante**, la incidencia de la salinidad y de la inoculación con *Azospirillum* sobre la CSRL y diversos factores que contribuyen a la misma, a saber: los contenidos de FT y Fv (Fig. 8); y las actividades de las enzimas APX, CAT y G-POX (Fig. 9).

Hubo interacción entre los niveles de los factores salinidad e inóculo, por lo que puede deducirse el efecto del estrés salino sobre las plantas C e I. También puede deducirse si la inoculación modifica alguno de los parámetros a 0 y a 40 mM NaCl.

Las observaciones generales que se pueden efectuar son: a) en las plantas C la salinidad aumenta la CSRL, los contenidos de FT y Fv, y las actividades de todas las enzimas mientras que en la I solamente sube la CSRL ; b) la inoculación aumenta la CSRL, el contenido de FT y las actividades APX, CAT y G-POX a 0 mM NaCl, y aumenta el contenido de Fv a 40 mM NaCl.

Así, la respuesta provocada por el estrés salino no fue modificada por la inoculación previa con *Azospirillum*. Esto podría estar indicando que la plántula sería capaz de contar en sus primeros estadios de crecimiento con la capacidad de aumentar su potencial antioxidante en respuesta al estrés salino.

En la etapa posterior al trasplante no hubo interacción entre los niveles de los factores salinidad e inóculo para la CSRL, el contenido de FT después de los 7 ddt, y los contenidos de Fv y AASC durante todo el período, por lo que para estos parámetros el efecto de la salinidad debe interpretarse independientemente de la inoculación y viceversa para el efecto de la inoculación (Tabla 11). En cambio, hubo interacción entre los niveles de los factores salinidad e inóculo a los 7 ddt para los FT (Fig. 12) y para las actividades APX, CAT y G-POX (Fig. 13), por lo que en estos casos se puede deducir el efecto del estrés salino sobre las plantas C e I. También puede deducirse si la inoculación modifica alguno de estos parámetros a 0 y a 40 mM NaCl.

De acuerdo a esto, se pueden efectuar las observaciones generales consignadas a continuación.

El <u>estrés salino-trasplante</u>: c) disminuye la CSRL, aumenta el contenido de FT y disminuye el de Fv; d) aumenta el contenido de AASC; e) aumentan las actividades APX, CAT y G-POX a 0 pero no a 40 mM NaCl. Por su parte, <u>la inoculación</u>: f) aumenta el CSRL y los contenidos de Fv y AASC; g) aumenta las actividades APX, CAT y G-POX a 0 pero no a 40 mM NaCl.

Diversos autores han reportado el incremento en el contenido de FT en *L sativa* cultivada bajo condiciones de salinidad (Neocleoulus et al., 2014) y bajo distintos estreses abióticos (Oh et al., 2009 y Ordidge et al., 2010). Respecto de la inoculación, si bien Michiels y colaboradores (1989) aportaron indicios de que *Azospirillum* en asociación con las plantas estimularía la actividad PAL y con ello probablemente el nivel de FT a partir de los 14 ddt, en nuestro caso no se modificó el contenido de FT de las plantas I respecto al de las C durante este período (Tabla 11). Sin embargo, según el análisis estadístico de los datos obtenidos de este parámetro a los 7 ddt: el estrés salino-trasplante incrementó el contenido de FT en las plantas C pero no en las I; y la inoculación aumentó este contenido a 0 pero no a 40 mM NaCl (Fig. 12).

En suma, la CSRL disminuye luego del trasplante mientras que independientemente del estrés, esta capacidad aumenta con la inoculación. Igual respuesta pudo observarse en lo que respecta al contenido de Fv. La determinación del contenido de FT no permitiría explicar este efecto ni tampoco las actividades APX, CAT y G-POX. No obstante, se ha reportado que de todos los compuestos fenólicos, los flavonoides son considerados especialmente relevantes en lechuga (Nicolle et al., 2004). Además, que estos compuesto

Por otra parte, el $CClf_T$ disminuyó luego del trasplante debido a la salinidad mientras que aumentó como consecuencia de la inoculación (Tabla 9). Resulta interesante considerar en este punto de la discusión la participación de la clorofila como antioxidante, aspecto que no ha recibido demasiada atención en la literatura. Sin embargo, recientemente Hsu y colaboradores (2013) reportaron que la clorofila y sus derivados actúan como antioxidantes en prevenir el daño oxidativo del ADN y la peroxidación lipídica mediante la quelación de iones reactivos y el secuestro de radicales libres.

En relación con el sistema enzimático de defensa del estrés oxidativo en plantas, Noctor y Foyer (1998) mencionan que las principales enzimas antioxidantes serían SOD y CAT; y dentro de las peroxidasas, APX y G-POX. La SOD cataliza la disociación de dos moléculas de superóxido en oxígeno y H_2O_2 (Lin y Kao, 2000). El H_2O_2 generado es descompuesto por la CAT y las peroxidasas. En relación con la APX, el H_2O_2 se reduce en el ciclo ascorbato-glutatión por acción de esta enzima, utilizando ascorbato como un dador de electrones (Asada, 1992). El ascorbato oxidado se reduce por el glutatión reducido, generado a partir de glutatión oxidado por la enzima glutatión reductasa (GR) a expensas de NADPH (Smith et al., 1989).

Con respecto a la SOD, se han reportado aumentos en la actividad de esta enzima en *L. sativa* sometida a 100 mM NaCl (Hela et al., 2010) y también a 50 mM de NaCl (Carassay et al., 2012). Por otra parte, Karthikeyan y colaboradores (2007) hallaron actividad incrementada de SOD en plántulas de *Catharanthus roseus* inoculadas con *Azospirillum*. En nuestro caso, la actividad SOD en el momento previo al trasplante aumentó en las plántulas controles crecidas a 0 mM NaCl mientras que no se evidenciaron cambios en las inoculadas (datos no mostrados). Sin embargo, lamentablemente debido a las dificultades experimentales explicitadas en Materiales y Métodos, sección 2.3.2.2, no se pudieron obtener mayores datos de lo que ocurriría con esta actividad bajo condiciones de salinidad.

Por otro lado, tanto en el momento previo al trasplante como después del mismo el estrés salino aumentó la actividad APX, CAT y G-POX en las plantas C y no las modificó en las I (Fig. 9). Este efecto de la presencia de NaCl en el medio coincide con el descripto por Hela y colaboradores (2010) para CAT y G-POX en *L. sativa* sometida a 100 mM de NaCl. Asimismo, con los resultados reportados por Carassay y colaboradores (2012), quienes detectaron incrementos en APX y CAT en lechuga cultivada a 50 mM de NaCl.

En cuanto a la inoculación, tanto en el momento previo al trasplante como después del mismo se detectaron incrementos de las actividades APX, CAT y G-POX en las plantas colonizadas por *Azospirillum* y desarrolladas a 0 mM NaCl, no así en las que lo hicieron a 40 mM NaCl (Fig. 9). Nuestros resultados concuerdan parcialmente con los de Karthikeyan y colaboradores (2007), quienes reportaron incrementos en las actividades CAT y G-POX en plántulas de *Catharanthus roseus* inoculadas con *Azospirillum*.

Jaleel y colaboradores (2007) reportaron que la adición de pequeñas dosis de ácido giberélico a raíces promovía cambios significativos en la actividad antioxidante de las plantas, manifestados tanto en incrementos en el contenido de ácido ascórbico y α-tocoferol; como en la mayor actividad enzimas antioxidantes (SOD, APX y CAT).

A su vez, la cuarta hipótesis particular (condicionada a la anterior) establecía que:

IV. *"La mayor tolerancia al estrés de trasplante se correlaciona con un incremento en la actividad antioxidante."*

De acuerdo a los resultados explicitados precedentemente, la segunda hipótesis particular debe ser rechazada.

6- La problemática del período de vida útil y la calidad del producto durante el estacionamiento post-cosecha.

Se puede obtener una evaluación aproximada del efecto de la inoculación con *Azospirillum* sobre el rendimiento de la lechuga producida bajo las condiciones descriptas en esta tesis, mediante el cálculo de la pérdida potencial debida a la muerte de plantas después del trasplante (Tabla 10), los datos de PFA a cosecha (Tabla 12), y una densidad inicial de siembra a campo estimada en 16000 plantas ha^{-1} (habitual en la producción comercial). Bajo estas consideraciones, los rendimientos obtenidos de los controles y las plantas inoculadas serían de 2.6 y 3.4 ton ha^{-1} respectivamente, lo cual representaría un 33% de ganancia a favor de la inoculación. Más aún, extendiendo estas pautas a lechuga crecida a 40 mM NaCl, se obtendrían 1.0 vs. 1.5 ton ha^{-1} de plantas controles e inoculadas respectivamente, representando así un 52% de rendimiento teórico mayor en las plantas inoculadas que en las controles sin inocular.

Uno de los primeros efectos promotores del crecimiento vegetal debido a la inoculación con *Azospirillum* ha sido asociado tempranamente a una mayor proliferación y tamaño de las raíces (Okon, 1985), lo cual es visualizable en la Figura 14. En este aspecto, cabe aclarar que a cosecha el estrés salino disminuyó ($P \leq 0.05$) el peso seco de raíces desde 1.37$\pm$0.46 a 0.78$\pm$0.16 g planta^{-1} y la inoculación con *Azospirillum* aumentó ($P \leq 0.05$) esta variable desde 0.83$\pm$0.21 a 1.31$\pm$0.41 g planta^{-1} (datos no mostrados). Así, este mayor desarrollo radical inducido por la bacteria tanto en condiciones normales como de estrés acompañó a los incrementos en la biomasa aérea y el CRA a cosecha, parámetros que siguieron elevados por sobre las plantas C durante el almacenamiento posterior del producto (Tabla 12).

Además de un aumento potencial en el rendimiento, una mayor biomasa y un mejor estado hídrico a cosecha (Tabla 12) en las plantas I, todo ello implica no solamente condiciones deseables en el producto, sino también plantas más robustas, lo cual podría disminuir el deterioro debido al almacenamiento posterior.

No menos importante que lo descripto en los tres párrafos anteriores constituye lo relacionado a la calidad de la lechuga producida y en este aspecto, también la posibilidad que un aumento en las características nutricionales y comerciales asociadas a la inoculación con *Azospirillum* se mantenga durante el almacenamiento post-cosecha. El contenido de clorofila constituye una de éstas.

Independientemente de la inoculación, el $CClf_T$ disminuyó desde la cosecha y hasta los 10 días después de la misma (ddc), manteniéndose luego constante a los 20 ddc. Esta evolución del $CClf_T$ en post-cosecha se debió principalmente a la Clf_b (Tabla 12). Por el contrario e independientemente del factor estrés, las plantas inoculadas con *Azospirillum* tuvieron durante todo el período de almacenamiento del producto, un aumento significativo del $CClf_T$ con respecto a las no inoculadas. Aquí la Clf_a se elevó hasta los 10 ddc, mientras que la Clf_b lo hizo durante todo el período (Tabla 12).

Los resultados obtenidos con relación al $CClf_T$ desde el crecimiento inicial hasta el trasplante (Tabla 8) y desde el trasplante a cosecha (Tablas 9 y 12) estarían indicando que el efecto promotor del $CClf_T$ debido a la inoculación con *Azospirillum* se mantiene aún cuando la planta haya sido sometida solamente al estrés salino o a la suma estrés salino-trasplante. Estos resultados permiten extender a lechuga, la hipótesis planteada por Bashan y colaboradores (2006), quienes reportaron que *A. brasilense* es capaz de incrementar la producción de Clf_a y Clf_b y de otros pigmentos fotosintéticos fotoprotectores que usualmente aumentan en trigo crecido bajo condiciones de estrés. No obstante, aún resta por elucidar cuál sería el mecanismo molecular de acción de la bacteria en promover un mayor contenido de clorofila en las plantas inoculadas.

Además de conferir el color verde -que hace a la calidad visual de las lechugas con estas características-, la clorofila representa para la dieta un nutriente valioso en cuanto a proveer tetrapirroles y Mg y también aportar actividad antioxidante (Hsu et al., 2013).

Aparte de la clorofila, otros parámetros nutricionales importantes a tener en cuenta –tal como el ácido ascórbico- también se relacionan a la mayor acción antioxidante deseable en el producto.

Las plantas cultivadas en un entorno salino tienen que desafiar dos componentes de estrés, uno asociado a la toxicidad iónica y otro al efecto osmótico, que generalmente desencadena un estrés oxidativo en las plantas. Arora y colaboradores (2002) mencionan que en respuesta al efecto osmótico los vegetales cierran los estomas limitando la entrada de CO_2, con lo que disminuye el consumo de NADPH y ATP empleados por la fijación del C. El acúmulo de ambos compuestos facilita que el O_2 intracelular se convierta en un aceptor de electrones en el cloroplasto, desencadenando así una sobreproducción de especies reactivas del oxígeno (EAO). Estos radicales libres inician una cascada de efectos perjudiciales, incluyendo la destrucción de clorofila, la peroxidación lipídica y la pérdida de proteínas (Zhang and Kirkham, 1994). No obstante, las plantas han desarrollado diversos mecanismos de tolerancia a los efectos peroxidativos causados por estreses abióticos (Mittler, 2010), incluyendo la disminución en la producción y/o neutralización de las EAO (Allen, 1995; Lin et al., 2006; Sharma, et al., 2012) y la participación de enzimas específicas (Mittler, 2002).

Dentro de los antioxidantes no enzimáticos, el ácido ascórbico constituye un importante agente reductor (Lee et al., 2003), donde el ciclo del ácido ascórbico-glutatión cobra singular importancia en la remoción de radicales libres generados por la planta ante situaciones de estrés (Drazkiewicz et al., 2003).

Bajo nuestras condiciones experimentales, el estrés salino-trasplante aumentó el contenido de AASC luego del trasplante (Tabla 11) y a cosecha, pero lo bajó en la post-cosecha (Tabla 13). Por otra parte, la inoculación aumentó el contenido de AASC luego del trasplante (Tabla 11), a cosecha y a post-cosecha (Tabla 13).

En suma, tanto el estrés como la inoculación aumentaron el contenido de AASC hasta la cosecha, pero en post-cosecha el mismo disminuyó en las plantas estresadas (independientemente de la inoculación), no así en las inoculadas (independientemente del estrés).

Una mayor biomasa aérea y superior turgencia acompañadas de una prolongada vida post-cosecha son características deseables pero insuficientes cuando el producto arriba al mercado. La calidad del mismo depende de una suma de parámetros nutricionales y sensoriales deseables, incluyendo no solamente los contenidos de clorofila y ácido ascórbico sino también las características sensoriales subjetivas ponderadas por paneles de expertos y las objetivas de color determinadas por un cromatómetro.

A cosecha, la calidad visual global (CVG) determinada por el panel de expertos convocado indicó una caída de la misma en las plantas sometidas a estrés salino mientras que mejoró considerablemente en las inoculadas (Tabla 13). Los puntos más salientes que contribuyeron a este promedio fueron la textura y el color (datos no mostrados). Sin embargo, la percepción del color por el ojo humano es altamente subjetiva. Esta limitación se supera con la determinación cromatométrica de los parámetros Hue, Chroma y L (Fasciglione et al., 2015). Los resultados obtenidos (Tabla 13) mostraron un color más deteriorado en el producto generado a partir de la lechuga crecida bajo condiciones de estrés salino. Datos similares fueron descriptos previamente por Kim y colaboradores (2008). Sin embargo, la inoculación con *Azospirillum* contribuyó a una mayor retención del color tanto a cosecha como luego de 20 días de almacenamiento post-cosecha (Tabla 13).

En suma, los resultados obtenidos indicaron que la mayoría de los cambios observados por el panel sensorial debidos al estrés o a la inoculación estuvieron acompañados de tendencias similares en los parámetros determinados mediante un cromatómetro (Tabla 13).

La quinta hipótesis particular establecía que:

V. *"Las plantas de L. sativa colonizadas por A. brasilense Sp245 poseen una calidad nutricional superior y/o mejor comportamiento post-cosecha que las controles sin inocular."*

Tanto el contenido de clorofila como el de ácido ascórbico son buenos indicadores de la calidad nutricional de la lechuga. Al respecto, las plantas I poseen a cosecha un mayor contenido de clorofila y de ácido ascórbico que las C, aún cuando la planta haya sido sometida solamente al estrés salino o a la suma estrés salino-trasplante (Tablas 12 y 13). Esta propiedad se mantuvo durante el almacenamiento post-cosecha del producto.

En suma:

Los resultados brevemente reseñados permiten no rechazar la hipótesis particular planteada.

La sexta hipótesis particular (condicionada a la anterior) establecía que:

VI. *"El incremento en la calidad nutricional se relaciona con una acumulación de metabolitos secundarios en las plantas inoculadas."*

De todos los metabolitos secundarios relacionados a la calidad nutricional en función de la eventual actividad antioxidante, los únicos analizados dentro de la presente tesis fueron los fenoles totales (FT) y los flavonoides (Fv).

Los datos a tener en cuenta con relación a la hipótesis VI deberían ser los obtenidos después del trasplante, ya que este procedimiento se aplicó en todos los casos en que la lechuga fue desarrollada hasta la cosecha, e independientemente que el crecimiento haya sido efectuado a 0 o a 40 mM NaCl.

Al final del trasplante, esto es en el momento previo a la cosecha, el contenido de FT aumentó debido al estrés salino independientemente de la inoculación mientras que se mantuvo constante por efecto de la inoculación independientemente del estrés salino (Tabla 11).

En cuanto al contenido de Fv y también al final del trasplante, este parámetro disminuyó debido al estrés independientemente de la inoculación mientras que aumentó por efecto de la inoculación independientemente del estrés salino (Tabla 11). No obstante, Nicolle y colaboradores (2004) describieron que de todos los compuestos fenólicos, los derivados del ácido cafeico y los flavonoides son los que principalmente aportan a la actividad antioxidante total en lechuga. Así, pese a los escasos datos reportados en relación con la hipótesis planteada, no deja de ser interesante la observación que el aumento en el contenido de Fv (Tabla 11) debido a la presencia de *Azospirillum* haya estado acompañado de una mejor calidad nutricional en las plantas inoculadas que en las controles (Tablas 12 y 13).

En suma:

Los escuetos datos con que se cuenta permiten *a priori* no rechazar la hipótesis particular planteada, pero se debería continuar desafiándola con nuevos experimentos que involucren además de los FT y de los Fv, otros compuestos considerados metabolitos secundarios.

La séptima hipótesis particular (condicionada a la quinta) establecía que:

VII. *"El mejor comportamiento post-cosecha de las plantas inoculadas se relaciona con un aumento de la actividad antioxidante."*

El término "comportamiento post-cosecha" se refiere a preservar hasta 10 después de la misma (tiempo de guarda habitual en la comercialización del producto), mayores: biomasa aérea, CRA, contenido de clorofila, contenido de AASC, inhibición de la tasa de oxidación, CVG, mejor Hue (color verde) y menor IP. Todo ello concuerda con lo hallado en las plantas de lechuga inoculadas con *Azospirillum* respecto de las controles no inoculadas (Tablas 12-13 y Fig. 16).

Otra importante característica de la lechuga que los consumidores tienen en cuenta es el pardeamiento del tejido, cuya apariencia y magnificación están directamente relacionadas a la calidad post-cosecha (Saltveit and Qin, 2008). Las lesiones tisulares producidas por el corte de la porción aérea –producto comercial- inducen cambios en el metabolismo de los fenoles y causan el pardeamiento, proceso que va acompañado de cambios organolépticos y bioquímicos que alteran la calidad final (Kim et al., 2008). En este sentido, nuestros resultados estimulan la necesidad de estudiar los mecanismos bioquímicos asociados a los efectos de *Azospirillum* en mitigar el pardeamiento de la lechuga en la cosecha y post-cosecha, en plantas crecidas bajo estrés salino.

Por otra parte, es interesante consignar que mientras el estrés salino-trasplante-corte mantuvo sin cambios la actividad antioxidante (expresada como inhibición de la tasa oxidativa) en las hojas de lechuga almacenadas durante 10 días, la inoculación con *Azospirillum* la aumentó (Fig. 15). Bajo las mismas condiciones experimentales, el índice de pardeamiento se mantuvo constante en el producto no inoculado pero disminuyó en las inoculadas (Fig. 16). Así, los resultados obtenidos con respecto a la inhibición de la tasa oxidativa (Fig. 15) y el índice de pardeamiento (Fig. 16) en lechuga almacenada durante 10 días, podrían en conjunto sustentar la plausible acción de *Azospirillum* en contrarrestar los efectos negativos de la oxidación post-cosecha.

En suma:

Los resultados brevemente reseñados permiten no rechazar la hipótesis particular planteada.

7- Los posibles mecanismos de acción de la bacteria en promover el crecimiento de la lechuga bajo las condiciones descriptas en la presente tesis.

Durante el curso de la Discusión se han ido insertando comentarios en forma parcial sobre determinados mecanismos de acción que *Azospirillum* podría emplear a fin promover el crecimiento de *L. sativa* desde la siembra hasta la cosecha. Sin embargo, a fin de poder contar con un breve panorama global, resulta necesario efectuar una compilación de la información disponible en la literatura.

Así, Una de las ideas más aceptadas sigue la línea:

estimulación del crecimiento radical → incremento de la absorción de agua y minerales → mejor estado hídrico → plantas más saludables (9,19).

A su vez, la estimulación del crecimiento podría estar asociada con la capacidad de la bacteria en producir distintas sustancias promotoras del crecimiento como las auxinas, citocininas y giberelinas (Cohen et al., 2009), y en inducir la transformación de precursores de fitohormonas en sus formas activas (Cassan et al., 2001).. Sin embargo, otras explicaciones posibles considerando no solamente la promoción del crecimiento sino también la protección de la planta ante diversos estreses podrían estar asociadas con la versatilidad que tiene Azospirillum bajo circunstancias diversas. Así, la solubilización de minerales y el aumento de su absorción (Bashan et al., 2004; Bashan and de-Bashan, 2010), la producción de nitritos (Bashan and de-Bashan, 2010), la reducción de nitratos (Steenhoudt and van der Leyden, 2000), la producción de exopolisacáridos (Upadhay et al., 2011), la síntesis de sideróforos (Tortora et al., 2011), la modificación en las actividades de enzimas de la glucólisis y del ciclo de Krebs (Fallik et al., 1994) y el incremento en solutos orgánicos que contribuyen a la osmorregulación de la planta (Hamdia et al., 2004), son ejemplos bien conocidos del amplio repertorio de habilidades que posee *Azospirillum*. Una excelente revisión sobre este tema provee una información extensa sobre las múltiples herramientas moleculares que esta versátil bacteria podría emplear para promover el crecimiento vegetal (Bashan and de-Bashan 2010).

Por otra parte, si bien la presente tesis no provee datos sobre el modo de acción de la bacteria en mejorar la calidad del producto a cosecha y su preservación luego de almacenada, se puede especular acerca de la posible contribución de diversos mecanismos convergentes a este efecto. Un mejor CRA en las plantas inoculadas indica un mejor estado hídrico. Esto involucra una mayor elasticidad de la pared celular (Creus et al., 2004), la que a su vez podría explicar una mayor textura y una menor fragilidad mecánica, parámetros que forman parte de la determinación de la CVG.

Con respecto a la clorofila, si bien la ruta de biosíntesis se conoce bastante bien, no ocurre lo mismo acerca de su regulación, como tampoco del control de su degradación. Datos recientes indican que el fitocromo B es un mediador de la síntesis, actuando a través de la regulación transcripcional de los genes *ChlH* y *GUN4*, cuyos productos ejercen su mecanismo de acción a nivel del punto de ramificación de la ruta metabólica (Inagaki et al., 2015).

Por otra parte, el óxido nítrico (NO) regula numerosos procesos fisiológicos y bioquímicos en las plantas, incluyendo la biosíntesis (Liao and Yu, 2014) y la degradación de la clorofila durante la senescencia de la hoja (Liu and Guo, 2013). Así, la posibilidad que *Azospirillum* podría contribuir a mejorar los parámetros de calidad a través de eventos disparados por la producción de NO, como aquéllos relacionados a la síntesis o degradación de la clorofila, no deberían excluirse. Se conoce bien que el estrés salino dispara un estrés oxidativo, donde la acumulación de AASC y las actividades de diversas enzimas antioxidantes contribuyen a minimizar este efecto en lechuga (Eraslan et al., 2007). El gen de la galactosa dehidrogenasa (*L-GalDH*), clave en la biosíntesis del AASC, resulta rápida y consistentemente activado en lechuga en respuesta a diferentes estreses abióticos (Oh et al., 2009). Por otra parte, aún se desconoce cuál sería el grado de importancia del incremento del potencial antioxidante en vegetales mediado por PGPRs (Nautiyal et al., 2008). Sin embargo, los mismos autores mostraron que la inoculación con *Bacillus lentimorbus* B-30488 fue capaz de inducir varias enzimas antioxidantes en lechuga expuesta a estrés salino, principalmente polifenol oxidasa, APX, CAT y SOD.

El NO es un gas y como tal, capaz de atravesar membranas lipídicas (Subczynski et al., 1996), de moverse de célula a célula y también dentro de compartimentos celulares (Correa Aragunde, 2009). Se comporta como radical libre, acumulándose en respuesta a citoquininas (Tun et al., 2001) y también participa en procesos regulados por auxinas (Correa-Aragunde et al., 2004; Lombardo et al., 2006). Su rol principal es el de una molécula señal que dispara cascadas hormonales en las plantas (Durner et al., 1999). Es requerido por el ácido abscísico, hormona que participa de la inducción del cierre estomático como parte del mecanismo fisiológico de protección de las plantas ante la peroxidación provocada por estreses abióticos como la sequía (García-Mata y Lamattina 2001) y la exposición a la radiación UV (Correa Aragunde, 2009). El NO producido en bajas concentraciones en las plantas puede eliminar rápidamente radicales peroxilos y alterar las especies y la composición de las EAO, inducir la expresión de genes relacionados a la síntesis y actividad de enzimas antioxidantes (Lamattina et al., 2003), y proteger a las plantas de estreses abióticos (Neill et al., 2003).

Nuestro grupo de investigación demostró que la generación de este compuesto resulta estimulada en plantas de tomate colonizadas por *A. brasilense* Sp245 (Creus et al., 2005) y que como consecuencia de ello, promueve la aparición de raíces laterales y adventicias (Molina-Favero et al., 2008). En la presente tesis no se determinó que *Azospirillum* haya generado NO en asociación con la planta de lechuga, pero sí quedó establecido que la bacteria fue capaz de promover bajo condiciones de estrés abiótico: la germinación y el establecimiento de la plántula; el crecimiento antes del trasplante; y el crecimiento de los plantines trasplantados, hasta la cosecha final. También, que bajo las mismas condiciones aumenta la CSRL y el contenido de Fv, a la inversa de lo que ocurre con el estrés salino. Estas consideraciones permiten estimular nuevas investigaciones tendientes a elucidar el eventual rol del NO en explicar los efectos hallados durante la ejecución de la presente tesis.

Todo lo anterior constituye meras especulaciones sobre diversos mecanismos que la bacteria podría emplear para mejorar la calidad de la hoja cuando la lechuga crece bajo salinidad.

Finalmente, en la ausencia de un acuerdo definitivo acerca de cómo *Azospirillum* puede ejercer sus efectos benéficos en las plantas, una interesante "Teoría de Mecanismos Múltiples" ha sido propuesta, que establece que la bacteria emplea una combinación de habilidades y no una única para promover el crecimiento vegetal en cada caso en particular (Bashan and de-Bashan, 2010).

5 CONCLUSION

En el período de crecimiento de *L. sativa* considerado desde la siembra hasta el establecimiento definitivo de los plantines, la inoculación de las semillas con *A. brasilense* promovió la emergencia de cotiledones, la velocidad media de germinación, el área foliar, el porcentaje de hojas verdaderas, los pesos frescos y secos de la porción aérea, el peso seco radical y el contenido total de clorofila, tanto cuando las condiciones de crecimiento hayan sido normales o de estrés salino. Por el contrario, el estrés salino *per se* disminuyó estos parámetros durante el lapso de referencia. Independientemente de ello, el efecto promotor de *Azospirillum* sobre el crecimiento de la lechuga creciendo bajo condiciones normales concordó con un aumento tanto de la actividad antioxidante total; de la capacidad secuestrante de radicales libres y el contenido de fenoles totales; como de las actividades ascorbato peroxidasa, catalasa y guayacol peroxidasa. Se abre así el interrogante de si un mejor estado antioxidante inducido por la bacteria en la planta podría ser parcialmente responsable del mecanismo de acción de la misma en promover el crecimiento bajo condiciones de cultivo no estresantes.

Después del trasplante de plantines, la inoculación promovió mayores tasas de crecimiento relativo y de asimilación neta a 40 mM NaCl. A cosecha, las plantas colonizadas por *Azospirillum* incrementaron las biomasas aérea y radical a 0 y 40 mM NaCl. Además mostraron tener: una mayor tasa de supervivencia y superior rendimiento teórico, tanto a 0 como a 40 mM NaCl; mejores contenido relativo de agua, contenido de clorofila total y de clorofila b en las inoculadas que en las controles sin inocular; mejor calidad visual global; mejor tono y luminosidad del color. Mientras el estrés disminuye la capacidad secuestrante de radicales libres y el contenido de flavonoides, la inoculación aumenta ambos parámetros.

En suma, las semillas de lechuga inoculadas con *Azospirillum* produjeron a cosecha mayor número y biomasa de plantas que los controles no inoculados crecidos a 0 y a 40 mM NaCl, contando además con una superior calidad nutricional y comercial.

A 10 días después de la cosecha, las hojas de lechuga inoculadas con *Azospirillum* mantuvieron mayor biomasa aérea y mejor contenido relativo de agua, como así también superior calidad visual global y color verde más nítido que los controles no inoculados.

Independientemente de la inoculación, los contenidos de clorofila y de ácido ascórbico disminuyeron en las hojas a los 10 días de almacenamiento después de la cosecha. Por el contrario e independientemente del factor estrés, las plantas inoculadas con *Azospirillum* tuvieron un aumento significativo del contenido de ambos parámetros con respecto a las no inoculadas. Ambos compuestos poseen actividad antioxidante. Durante este período post-cosecha se mantuvo sin cambios la inhibición de la tasa oxidativa mientras que la inoculación con *Azospirillum* la aumentó. A la inversa, bajo las mismas condiciones experimentales, el índice de pardeamiento se mantuvo constante en el producto no inoculado pero disminuyó en las inoculadas. Así, los resultados obtenidos con respecto a la inhibición de la tasa oxidativa y el índice de pardeamiento en lechuga almacenada durante 10 días, podrían en conjunto sustentar la plausible acción de *Azospirillum* en contrarrestar los efectos negativos de la oxidación post-cosecha.

La presente tesis no provee mayores datos sobre los posibles mecanismos fisiológicos y bioquímicos asociados a los efectos benéficos que la bacteria ejerce sobre la lechuga durante estos estudios. Sin embargo, el modo de acción aún constituye una incógnita a nivel mundial. Se enumeran los mecanismos hallados por diversos investigadores, culminantes en la corrientemente aceptada Teoría de Mecanismos Múltiples, que establece que la bacteria emplea una combinación de habilidades y no una única para promover el crecimiento vegetal en cada caso en particular.

Los resultados expuestos en la presente tesis no solamente efectúan nuevos aportes al conocimiento, sino que también sientan las bases para que la industria hortícola pueda adoptar una herramienta biotecnológica con demostrada capacidad de generar mejores rendimientos, calidad y vida útil post-cosecha, en lechuga cultivada en invernadero bajo condiciones normales y de estrés salino.

6. BIBLIOGRAFIA

AGÜERO, M.V.; BARG, M.V.; YOMMI, A.; CAMELO, A.; ROURA, S.I. 2008. Postharvest changes in water status and chlorophyll content of lettuce (*Lactuca sativa L.*) and their relationship with overall visual quality. J. Food Sci. 73:S47-S55.

AGÜERO, M.V. 2011. Modelado de la evolución de índices de calidad integral de lechuga mantecosa desde la precosecha hasta el consumidor (Tesis Doctoral, Facultad de Ingeniería de la Universidad Nacional de la Plata).

ALLAKHVERDIEV, S. I.; SAKAMOTO, A.; NISHIYAMA, Y.; INABA, M.;MURATA, N. 2000. Ionic and osmotic effects of NaCl-induced inactivation of photosystems I and II in *Synechococcus sp.* PLANT PHYSIOL. 123:1047-1056.

ALLEN, R.D. 1995. Dissection of oxidative stress tolerance using transgenic plants. Plant Physiol. 107:1049-1054.

ALVAREZ, M. I.; SUELDO, R. J.; BARASSI, C. A. 1996. Effect of *Azospirillum* on coleoptile growth in wheat seedlings under water stress. CEREAL RES COMMUN101-107.

AL-KARAKI, G.N. 2001. Germination, sodium, and potassium concentrations of barley seeds as influenced by salinity. J PLANT NUTR, 24:511-522.

ARAKI, A.; RATTIN, J.; DI BENEDETTO, A.; MIRAVE, P. 2007. Temperature and cytokinin relationships on lettuce (*Lactuca sativa L.*) and celery (*Apium graveolens L.*) nursery growth and yield. Int. J. Agric. Res, 2:725-730.

ARORA, A.; SAIRAM, R.K.; SRIVASTAVA, G.C. 2002. Oxidative stress and antioxidative system in plants. CURR SCI INDIA 82:1227-1238.

ASADA, K. 1992. Ascrbate peroxidase- a hydrogen peroxide-scavenging enzyme in plants.Physiologia. plantarum 85:235-241

AYRAULT, G. (2002). Estudios sobre la factibilidad del uso de *Azospirillum* para mejorar la capacidad germinativa y el establecimiento de *Lactuca sativa* y *Daucus carota* Bajo estrés salino. Tesis, MSc FCA, UNMdP, Argentina, 90 pp.

ANDREAU, R.; GELATI, P.; PROVAZA, M.; BENNARDI, D.; FERNÁNDEZ, D.; VÁZQUEZ, M. 2012. Degradación física y química de dos suelos del cordón hortícola platense: Alternativas de tratamiento. Cienc. suelo 30:107-117.

ASHRAF, M.; HARRIS, P.J.C. 2004. Potential biochemical indicators of salinity tolerance in plants. Plant Science 166: 3-16

BARASSI, C.A.; AYRAULT, G.; CREUS, C.M.; SUELDO, R.J.; AND SOBRERO, M.T. 2006. Seed inoculation with *Azospirillum* mitigates NaCl effects on lettuce. Sci Hortic 109:8-14.

BARASSI, C.A.; SUELDO, R.J.; CREUS, C.M.; CARROZZI, L.E.; CASANOVAS, E.M.; PEREYRA, M.A. 2007. *Azospirillum* spp., a dynamic soil bacterium favourable to vegetable crop production. Dynam Soil Dynam Plant 1: 68-82.

BASHAN, Y. 1986. Significance of timing and inoculation with rhizosphere wheatplants. Soil Biol Biochem. 18, 297-301.

BASHAN, Y.; HOLGUIN G. 1997. *Azospirillum*-plant relationships: Environmental and physiological advances. Can J Microbiol 43:103-121.

BASHAN, Y.; HOLGUIN, G.; AND DE-BASHAN, L.E. 2004. *Azospirillum*–plant relationships: physiological, molecular, agricultural, and environmental advances (1997–2003). Can J Microbiol 50: 521-577.

BASHAN, Y.; BUSTILLOS, J.J.; LEYVA, L. A.HERNANDEZ, J.P.; BACILIO, M. 2006. Increase in auxiliary photoprotective photosynthetic pigments in wheat seedlings induced by *Azospirillum brasilense.* Biol Fert Soils 42: 279–285.

BASHAN, Y.; DE-BASHAN, L.E. 2010. How the plant growth-promoting bacterium *Azospirillum* promotes plant growth-a critical assessment. Adv Agron. 108:77-136.

BERG, G.; ZACHOW, C.; MÜLLER, H.; PHILIPPS, J.; TILCHER, R. 2013. Next-generation bio-products sowing the seeds of success for sustainable agriculture. *Agronomy 3*:648-656.

BENNETT, A.J.; WHIPPS, J.M. 2008. Beneficial microorganism survival on seed, roots and in rhizosphere soil following application to seed during drum priming. Biol Control *44*: 349-361.

BEWLEY J.D. 1997. Seed germination and dormancy. Plant Cell 9:1055-1057.

BIE, Z.; ITO, T.; SHINOHARA, Y. 2004. Effects of sodium sulfate and sodium bicarbonate on the growth, gas exchange and mineral composition of lettuce. Sci Hortic-Amsterdam, 99: 215-224.

BLOCK, G.; PATTERSON, B.; SUBARU, A. 1992. Fruit, vegetables, and cancer prevention: a review of the epidemiological evidence. Nutr cancer 18:1-29

BRAND-WILLIAMS, W.; CUVELIER, M.E.; BERSET, C.L.W.T. 1995. Use of a free radical method to evaluate antioxidant activity. Lebensm Wiss Technol. 28: 25-30.

CARASSAY, L.R., BUSTOS, D.A., GOLBERG, A.D.; TALEISNIK, E. 2012. Tipburn in salt-affected lettuce *(Lactuca sativa L.)* plants results from local oxidative stress. J plant physiol, 169:285-293.

CASANOVAS, E.M.; BARASSI C.A.; SUELDO R.J. 2000. *Azospirillum* inoculation of maize seed during imbibition. Cereal Res Commun 28:25-32.

CARROZZI, L.E.; CREUS, C.M.; BARASSI, C.A.; MONTERUBBIANESI, G.; DI BENEDETTO, A. 2012. Reparation of aged lettuce (*Lactuca sativa*) seeds by osmotic priming and *Azospirillum brasilense* inoculation. *Botany*, *90*: 1093-1102.

CASANOVAS, E.M.; BARASSI C.A.; SUELDO, R.J. 2002. TITULO. Cereal Res Commun 30:343-350.

CASANOVAS, E.M; BARASSI, C.A.; ANDRADE, F.H.; SUELDO, R.J. 2003. Cereal Res Commun 31:395-402.

CASANOVAS, E.M.; FASCIGLIONE, G.; BARASSI, C.A. 2015. *Azospirillum spp*. and Related PGPRs Inocula Use in Intensive Agriculture. Handbook for *Azospirillum,* Technical Issues and Protocols. 25: 447-467. Springer International Publishing Switzerland, DOI 10.1007/978-3-319-06542-7_25

CASSÁN, F.; BOTTINI, R.; SCHNEIDER, G.; PICCOLI, P. 2001. *Azospirillum brasilense* and *Azospirillum lipoferum* hydrolyze conjugates of GA20 and metabolize the resultant aglycones to GA1 in seedlings of rice dwarf mutants. Plant Physiol 125:2053-2058.

CHEESEMAN, J.M. 1988. Mechanism of salinity tolerance in plants. Plant Physiol. 87, 547–550.

CHEN, C.; BELANGER, R.R.; BENHAMOU, N.; PAULITZ, T.C. 2000. Defense enzymes induced in cucumber roots by treatment with plant growth-promoting rhizobacteria (PGPR) and *Pythium aphanidermatum*. PHYSIOL MOL PLANT P 56: 13-23.

COHEN, A.C.; TRAVAGLIA, C.N.; BOTTINI, R. PICCOLI, P.N. 2009. Participation of abscisic acid and gibberellins produced by endophytic *Azospirillum* in the alleviation of drought effects in maize. Botany 87:455-462

CORREA ARAGUNDE, M.N. 2009. Participación del óxido nítrico en la organogénesis de raíces y síntesis de celulosa en plantas. Tesis Doctoral, Facultad de Ciencias Exactas de ls Universidad Nacional de Mar del Plata).

COSTA, J.L.; APARICIO, V. 1999. Efecto de la calidad del agua sobre las propiedades químicas y físicas de los suelos bajo riego suplementario en el sud-este de la provincia de Buenos Aires en la República Argentina. In *XIV Congreso Latinoamericano de la Ciencia del Suelo, Pucón, Chile* (pp. 8-12).

COUTURE, R.; CANTWELL, M.I.; KE, D.; SALTVEIT JR., M.E. 1993. Physiological attributes related to quality attributes and storage life of minimally processed lettuce. HortScience 28:723-725.

CREUS, C.M.; SUELDO, R.J.; BARASSI, C.A. 1996. *Azospirillum* inoculation in pregeminating seeds. Can J Microbiol. 42:83-86.

CREUS, C.M.; SUELDO, R.J.; BARASSI, C.A. 1997. Shoot growth and water status in *Azospirillum*-inoculated wheat seedlings grown under osmotic and salt stresses. Plant Physiol Bioch 35: 939-944.

CREUS, C.M.; SUELDO, R.J.; BARASSI, C.A. 1998. Water relations in *Azospirillum* inoculated wheat seedlings under osmotic stress. Can J Bot. 76: 238-244.

CREUS, C.M.; SUELDO, R.J.; BARASSI, C.A. 2004. Water relations and yield in *Azospirillum*-inoculated wheat exposed to drought in the field. Can J Bot. 82 273-281.

COHEN, A.C; TRAVAGLIA, C.N.; BOTTINI, R.; PICCOLI, P.N. 2009. Participation of abscisic acid and gibberellins produced by endophytic *Azospirillum* in the alleviation of drought effects in maize. *Botany 87*:455-462.

COONS, J.M.; KUEHL, R.O.; SIMONS, N.R. 1990. Tolerance of ten lettuce cultivars to high temperature combined with NaCl during germination. J AM SOC HORTIC SCI. 115: 1004-1007.

DE PASCALE, S.; BARBIERI, G. 1995. Effects of soil salinity from long-term irrigation with saline-sodic water on yield and quality of winter vegetable crops. SCI HORTIC-AMSTERDAM. 64(3):145-157.

DEL AMOR, F.; CUADRA-CRESPO, P. 2012. Plant growth-promoting bacteria as a tool toimprove salinity tolerance in sweet pepper. Funct Plant Biol. 39: 82-90.

DI BENEDETTO, A. 2005. Manejo de cultivos hortícolas: bases ecofisiológicas y tecnológicas. 1ra ed. Bs As. 384p

DOBEREINER, J.; DAY, J.M. 1976. Associative symbiosis in tropical grasses: characterization of microorganisms and dinitrogen fixing sites. In Proceedings of the First International Symposium onNitrogen Fixation. Edited by W.E. Newton and C.J. Nyman.Washington State University Press, Pullman, Wash. pp. 518-538.

DRAZKIEWICZ, M.; SKORZYNSKA-POLIT, E.; KRUPA, Z. 2003. Response of the ascorbate /glutathione cycle to excess copper in *Arabidopsis thaliana* (L.) PLANT SCI. 164:195-202.

DRINKWATER, L.E.; SNAPP S.S. 2007. Nutrients in agroecosystems: rethinking the management paradigm. Adv Agron. 92:163-186.

DURNER, J.; GOW, A,J.; STAMLER, J.S.; GLAZEBROOK, J. 1999. Ancient origins of nitric oxide signaling in biological systems. Proc Natl Acad Sci U S A 96: 14206-14207.

ENSMINGER, A.H.; ENSMINGER, M.E.; KONLANDE, J.E.; ROBSON, J.R.K. 1993. Foods and nutrition Encycopedia. 2nd Ed. RCR Press. Baton Rouge Fla. P. 1308

ERASLAN, F.; INAL, A.; SAVASTURK, O.: GUNES, A. 2007. Changes in antioxidative system and membrane damage of lettuce in response to salinity and boron toxicity. SCI HORTIC-AMSTERDAM *114*:5-10.

ESITKEN A. 2011. Use of Plant Growth Promoting Rhizobacteria in Horticultural Crops Ch. 8 In: Bacteria in Agrobiology: Crop Ecosystems 189-235.

FALLIK, E.; SARIG, S.; OKON, Y. 1994. Morphology and physiology of plant roots associated with *Azospirillum*, in *Azospirillum*/Plant Association, ed. by Okon Y. CRC Press, Boca Raton, FL, pp. 77–86.

FASCIGLIONE, G.; CASANOVAS, E.M.; YOMMI, A.; SUELDO R.J.; AND BARASSI, C.A. 2012. *Azospirillum* improves lettuce growth and transplant under saline conditions. J. Sci. Food and Agric. 92:2518-2523.

FASCIGLIONE, G.; CASANOVAS E.M.; QUILLEHAUQUY, V.; YOMMI, A.K.; GOÑI, M.G; ROURA, S.I, BARASSI, C.A. 2015. *Azospirillum* inoculation effects on growth, product quality and storage life of lettuce plants grown under salt stress. Sci. Hortic. 195:154-162.

FLOWERS, T. J.; YEO, A. R. 1995. Breeding for salinity resistance in crop plants: where next? Plant Physiol. *22*:875–884.

GARCÍA-MATA, C.; LAMATTINA, L. 2001. Nitric oxide induces stomatal closure and enhances the adaptive plant responses against drought stress. Plant Physiol 126: 1196-1204.

GAZULA, A.; KLEINHENZ, M.D.; SCHEERENS, J.C.; LING, P.P. 2007. Anthocyanin levels in nine lettuce (*Lactuca sativa*) cultivars: Influence of planting date and relations among analytic, instrumented, and visual assessments of color. HortScience 42: 232-238.

GREENWAY, H.; MUNNS, R. 1980. Mechanisms of salt tolerance in nonhalophytes. Annu. rev. plant physiol. 31:149-190.

GROSSNICKLE, S. 2005. Importance of root growth in overcoming planting stress. New Forest. 30:273-294.

GOÑI, M.G. 2011. Calidad de lechuga Manteca obtenida bajo diferentes métodos de cultivo: caracterización inicial y evolución durante el almacenamiento en atmosfera modificada. Tesis, MSc FCA, UNMdP, Argentina, 215 pp.

HAMDIA M.A.E.; SHADDAD M.A.K.; DOAA M.M. 2004. Mechanisms of salt tolerance and interactive effects of *Azospirillum brasilense* inoculation on maize cultivars grown under salt stress conditions. Plant Growth Regul 44:165–174

HAZMAN, M:; HAUSE, B.; EICHE, E.; NICK, P.; RIEMANN, M. 2002. Increased tolerance to salt stress in OPDA-deficient rice ALLENE OXIDE CYCLASE mutants is linked to an increased ROS-scavenging activity. J Exp Bot. *66*: 3339-3352

HSU, C.Y.; CHAO, P.Y.; HU, S.P.; YANG, C.M. 2013. The antioxidant and free radical scavenging activities of chlorophylls and pheophytins. Food Nut. Sci. 4: 1-8.

HUNT, R.; CAUSTON, D. R.; SHIPLEY, B.; ASKEW, A.P. 2002. A modern tool for classical plant growth analysis. Ann Bot-London 90:485-488.

INFANTE GIL S. Y ZARATE DE LARA G.P.1984. Métodos estadísticos un enfoque interdisciplinario". Cap10 comparación de dos poblaciones p 353-399.

INTERNATIONAL SEED TESTING ASSOCIATION. 1999. The germination test, in Proceedings of the International Seed Testing Association. ISTA (Zurich) pp. 155-199.

INAGAKI, N.; KINOSHITA, K.; KAGAWA, T.; TANAKA, A.; UENO, O.; SHIMADA, H.; TAKANO, M. 2015. Phytochrome B mediates the regulation of chlorophyll biosynthesisthrough transcriptional regulation of ChlH and GUN4 in rice seedlings. PLoSOne 10 (8), e0135408, http://dx.doi.org/10.1371/journal.pone.0135408.

JALEEL, C. A.; GOPI, R.; MANIVANNAN, P.; SANKAR, B.; KISHOREKUMAR, A.; PANNEERSELVAM R..2007. Antioxidant potentials and ajmalicine accumulation in *Catharanthus roseus* after treatment with giberellic acid. Colloids and Surfaces B: Biointerfaces 60:195-200.

KADAYYFCY, A.; TUYLU, G.I.; UCAR Y.; CAKMAK B. 2004. Effects of mulch and irrigation water amounts on lettuce's yield, evaporation, transpiration and soil evaporation in Isparta location, Turkey. J. Biol. Sci. 4:751-755.

KARADENIZ, F.; BURDURLU, H.S.; NURAY, K.; SOYER, Y. 2005. Antioxidant activity of selected fruits and vegetables grown in Turkey. Turk. J Agric. For. 29: 297-303.

KARTHIKEYAN, B.; JALEEL, C. A.; GOPI, R.; DEIVEEKASUNDARAM, M. 2007. Alterations in seedling vigour and antioxidant enzyme activities in *Catharanthus roseus* under seed priming with native diazotrophs. Journal of Zhejiang University Science B, 8:453-457.

KUEHL, R.O. 2001. Diseño de experimentos: Principios estadísticos de diseño y análisis de investigación pp. 469-491. México: International Thomson.

KIM, H.J.; FONSECA, J.M.; CHOI, J. H.; KUBOTA, C.; KWON, D.Y. 2008. Salt in irrigation water affects the nutritional and visual properties of romaine lettuce (*Lactuca sativa L.).* J. Agric. Food Chem. 56:3772-3776.

KOHLER, J.; HERNÁNDEZ, J.A.; CARAVACA, F.; ROLDÁN, A. 2009. Induction of antioxidant enzymes is involved in the greater effectiveness of a PGPR versus AM fungi with respect to increasing the tolerance of lettuce to severe salt stress. Environ. Exp. Bot. 65: 245-252.

KOHLER, J.; CARAVACA, F.; ROLDÁN, A. 2010. An AM fungus and a PGPR intensify the adverse effects of salinity on the stability of rhizosphere soil aggregates of *Lactuca sativa*. Soil Biol. Biochem. 42:429-434.

KŘÍSTKOVÁ, E.; DOLEŽALOVÁ, I.; LEBEDA, A.; VINTER, V. NOVOTNÁ, A. 2008. Description of morphological characters of lettuce (*Lactuca sativa L.*) genetic resources. HortScience 35:113-129.

LAMATTINA, L.; GARCIA-MATA, C.; GRAZIANO, M.; PAGNUSSAT G. 2003. Nitric oxide: the versatility of an extensive signal molecule. Annu Rev Plant Biol 54: 109-136.

LEE, S.K.; KADER, A.A. 2000. Preharvest and postharvest factors influencing vitamin C content of horticultural crops. Postharvest Biol. Technol. 20:207-220

LEE, S.E.;, HWANGB, H.J.; HAA, J.S; JEONGC, H.S; KIMA, J.H. 2003. Screening of medicinal plant extracts for antioxidant activity. Life Sci. 73:167-179.

LEIPNER, J.; FRACHEBOUD, Y.; STAMP, P. 1997. Acclimation by suboptimal growth temperature diminishes photooxidative damage in maize leaves. Plant. Cell. Environ. 20: 366-372.

LESTER, G.E. 2006. Environmental regulation of human health nutrients (ascorbic acid, β-carotene, and folic acid) in fruits and vegetables. HortScience 41:59-64.

LIN, C.C.; KAO, C.H. 2000. Effect of NaCl stress on H_2O_2 metabolism in rice leaves. Plant. Growth Regul. 30:151-155.

LIAO, W.-B.; YU, J.-H. 2014. Nitric oxide and other signaling molecules: a cross-talkin response to abiotic stress. In: Khan, M.N., Mobin, M., Mohammad, F., Corpas,F.J. (Eds.), Nitric Oxide in Plants: Metabolism and Role in Stress Physiology.Springer, pp. 185–198, Ch. 11.

LIU, F.; GUO, F.-Q. 2013. Nitric oxide deficiency accelerates chlorophyll breakdownand stability loss of thylakoid membranes during dark-induced leaf senescencein arabidopsis. PLoS One 8 (2), e56345, http://dx.doi.org/10.1371/journal.pone.0056345.

LOMBARDO, M.C.; GRAZIANO, M.; POLACCO, J.; LAMATTINA, L. 2006. Nitric oxide functions as a positive regulator of root hair development. Plant Signaling & Behaviour 1: 28-33.

LOZANO, J.F. 2012. LA PRODUCCIÓN DE HORTALIZAS EN ARGENTINA. (Caracterización del sector y zonas de producción). Corporación del Mercado Central de Buenos Aires pp 29. Disponible en: http://www.mercadocentral.gob.ar. Consultado el 19/12/2015.

MALUSÁ, E.; SAS-PASZT, L.; CIESIELSKA, J. 2012. Technologies for beneficial microorganisms inocula used as biofertilizers. Sci. World J. Journal. doi:10.1100/2012/491206

MAHMOUDI, H.; HUANG, J.; GRUBER, M.Y.; KADDOUR, R.; LACHAÂL, M.; OUERGHI, Z.; HANNOUFA, A. 2010. The impact of genotype and salinity on physiological function, secondary metabolite accumulation, and antioxidative responses in lettuce. J. Agric. Food. Chem. 58: 5122-5130.

MATTSSON, A. 1997. Predicting field performance using seedling quality assessment. New Forest. 13: 227-252.

MCGUIRE, R.G. 1992. Reporting of objective color measurements. HortScience 27:1254-1255.

MEHNAZ, S.; WESELOWSKI, B.; LAZAROVITS G. 2007. *Azospirillum zeae* sp. nov., diazotrophic bacteria isolated from rhizosphere soil of *Zea mays* . Int. J. Syst. Evol. Microbiol. 57:2805-2809-

MICHIELS, K.; VANDERLEYDEN, J.; VAN GOOL, A. 1989. *Azospirillum*—plant root associations: A review. Biol. Fert. Soils 8:356-368.

MITTLER, R. 2002. Oxidative stress, antioxidants and stress tolerance. Trends in Plant Sci. 7:405-410.

MITTLER, R.; VANDERAUWERA, S.; GOLLERY, M.; VAN BREUSEGEM, F. 2004. Reactive oxygen gene network of plants. Trends Plant Sci. 9:490-498.

MISRA, N.; DWIVEDI, U.N. 2004. Genotypic difference in salinity tolerance of green gram cultivars. Plant Sci. 166:1135-1142.

MOLINA-FAVERO, C.; CREUS, C.M.; SIMONTACCHI, M.; PUNTARULO S, LAMATTINA, L. 2008. Aerobic nitric oxide production by *Azospirillum brasilense* sp245 and its influence on root architecture in tomato. Mol. Plant. Microbe. In. 21:1001-1009.

MUNNS, R.; TESTER, M. 2008. Mechanisms of salinity tolerance. Annu. Rev. Plant Biol. 59:651-681.

NAUTIYAL, C.S.; GOVINDARAJAN, R.; LAVANIA, M.; PUSHPANGADAN, P. 2008. Novel mechanism of modulating natural antioxidants in functional foods: involvement of plant growth promoting rhizobacteria NRRL B-30488. J. Agric. Food Chem. 56:4474-4481.

NEILL, S.J.; DESIKAN, R.; HANCOCK, J.T. 2003. Nitric oxide signalling in plants. New Phytol 159: 11-35.

NEOCLEOUS, D.; KOUKOUNARAS, A.; SIOMOS, A.S.; VASILAKAKIS, M. 2014. Assessing the salinity effects on mineral composition and nutritional quality of green and red "baby" lettuce. J. Food Quality 37: 1-8.

NICOLLE, C.; CARNAT, A.; FRAISSE, D.; LAMAISON, J.L.; ROCK, E.; MICHEL, H.; REMESY, C. 2004. Characterisation and variation of antioxidant micronutrients in lettuce (*Lactuca sativa folium*). J. Sci. Food. Agric. 84:2061-2069.

NOCTOR, G.; FOYER G.H. 1998. Ascorbate and Glutathione: Keeping Active Oxygen Under Control. Annu. Rev. Plant Physiol. Plant Mol. Biol. 49:249–79

OH, M.M.; CAREY, E.E.; RAJASHEKAR, C.B. 2009. Environmental stresses induce health-promoting phytochemicals in lettuce. Plant Physiol. Biochem. 47:578-583.

OKON, Y.; ALBRECHT, S. L.; BURRIS, R. H. 1977. Methods for growing *Spirillum lipoferum* and for counting it in pure culture and in association with plants. Appl. Environ. Microbiol. *33*:85-88.

OKON, Y. 1985. *Azospirillum* as a potential inoculant for agriculture. Trends Biotechnol 3:223-228.

OKON, Y.; KAPULNIK, Y. 1986.Development and function of *Azospirillum* inoculated roots. Plant Soil 90:3-16.

OKON Y.; LABANDERA-GONZÁLEZ C.A. 1994. Agronomic applications of *Azospirillum*: an evaluation of 20 years worldwide field inoculation. Soil. Biol. Biochem. 26:1591-1601.

ORDIDGE, M.; GARCÍA-MACÍAS, P.; BATTEY, N.H.; GORDON, M. H.; HADLEY, P.; JOHN, P.; WAGSTAFFE, A. 2010. Phenolic contents of lettuce, strawberry, raspberry, and blueberry crops cultivated under plastic films varying in ultraviolet transparency. Food chem.119:1224-1227.

PAGE, T.; AWARAU, W. 2012. Performance of agarwood (*Aquilaria crassna*) seedling transplants improved by shade and fertiliser. Forest. Ecol. Manag. 265:258-269.

PARIDA, A.K.; DAS, A.B. 2005. Salt tolerance and salinity effects on plants: a review. Ecotox Environ Safe 60:324-349.

PEREYRA, C.M.; RAMELLA, N.A.; PEREYRA, M.A.; BARASSI, C.A.; CREUS, C.M. 2010. Changes in cucumber hypocotyl cell wall dynamics caused by *Azospirillum brasilense* inoculation. Plant Physiol Biochem 48:62-69.

POLDMA, P.; VABRIT, S.; MERIVEE, A.; SUIGUSAAR, K. 2005. Influence of *Trichoderma viride*-inoculated growing substrate on the growth and yield of lettuce (*Lactuca sativa l.*). In *International Symposium on Growing Media 779* (pp. 85-90).

POORTER, H.; REMKES, C.1990. Leaf area ratio and net assimilation rate of 24 wild species differing in relative growth rate. Oecol. 83:553-559

RANAL, M.A.; SANTANA, D.G.D. 2006. How and why to measure the germination process?. Braz. J. Bot. 29: 1-11.

RICE-EVANS, C.A.; MILLER, N.J.; PAGANGA, G. 1996. Structure-antioxidant activity relationships of flavonoids and phenolic acids. Free Radical Bio Med. 20:933-956.

RICO, D.; MARTIN-DIANA, A.B., BARAT, J.M.; BARRY-RYAN, C. 2007. Extending and measuring the quality of fresh-cut fruit and vegetables: a review. Trends Food Sci. Technol. 18: 373-386.

Rivera, J. R. E., Stone, M. B., Stushnoff, C., Pilon-Smits, E., & Kendall, P. A. (2006). Effects of ascorbic acid applied by two hydrocooling methods on physical and chemical properties of green leaf lettuce stored at 5 C. J. food sci. 71: S270-S276.

REDIERS, H.; CLAES, M.; PEETERS, L.;, WILLEMS, K.A.2009. Evaluation of the cold chain of fresh-cut endive from farmer to plate. Postharvest Biol Technol. 51:257-262

RIETZ, D.N.; HAYNES, R.J. 2003. Effects of irrigation-induced salinity and sodicity on soil microbial activity. Soil Biol. Biochem.35:845-854.

RODRIIGUEZ CÁCERES, E.A., 1982. Improved medium for isolation of Azospirillum spp. Appl. Environ. Microb. 44, 990–991.

ROMANI, A.; PINELLIA, P.; GALARDIA, C.; SANIB, G.; CIMATOB, A.; HEIMLERC, D. 2002. Polyphenols in greenhouse and open-air-grown lettuce. Food Chem. 79:337-342.

ROURA, S.I.; MOREIRA, M.D.R.; PONCE, A.; DEL VALLE, C.E. 2003. Dip treatments for fresh Romaine lettuce. Ital. J. Food Sci. 15: 405-415.

SAIRAM, R.K.; SRIVASTAVA, G.C. 2002. Changes in antioxidant activity in sub-cellular fractions of tolerant and susceptible wheat genotypes in response to long term salt stress. Plant Sci. 162: 897-904.

SALISBURY, F.B.; ROSS, C.W. 1992. Plant Physiology. Wadsworth, Belmont, CA, 682 pp.

SALTVEIT, M.E.; QIN, L. 2008. Heating the ends of leaves cut during coring of wholeheads of lettuce reduces subsequent phenolic accumulation and tissue browning. Postharvest Biol. Technol. 47:255–259.

SHANNON, M.C. 1997. Adaptation of plants to salinity. Adv. Agron. 60:75-120

SHANNON, M.C.; GRIEVE, C.M.; LESCH, S.M.; DRAPER, J.H. 2000. Analysis of salt tolerance in nine leafy vegetables irrigated with saline drainage water. J. Am. Soc. Hortic. Sci. 125: 658-664.

SMITH, I.K.; VIERHELLER T.L.; THORNE C. 1989 Properties and functions of glutathione reductase in plants. Physiol. Plant. 77:449-456.

SINGH, J.S.; PANDEY, V.C.; SINGH, D.P.2011. Efficient soil microorganisms: a new dimension for sustainable agriculture and environmental development. Agric Ecosyst Environ 140:339-353.

SINGLETON, V.L.; ORTHOFER, R., LAMUELA-RAVENTOS, R.M. 1999. Analysis of total phenols and other oxidation substrates and antioxidants by means of folin-ciocalteu reagent. Methods enzymol. 299:152-178.

SPAEPEN, S.; DOBBELAERE, S.; CROONENBORGHS, A.; VANDERLEYDEN; J. 2008. Effects of *Azospirillum brasilense* indole-3-acetic acid production on inoculated wheat plants. Plant and Soil. 312:15-23.

STEENHOUDT, O.; VAN DER LEYDEN, J. 2000. *Azospirillum* a free-living nitrogen fixing bacterium closely associated with grasses: genetic, biochemical andecological aspects. FEMS Microbiol Rev 24:487–506

SUBHASREE, B.; BASKAR, R.; LAXMIKEERTHANA, R.; LIJINA, S.R.; RAJASEKARAN, P. 2009. Evaluation of antioxidant potential in selected green leafy vegetables. Food Chem. 115:1213-1220

SUBCZYNSKI, W.K.LOMNICKA, M.; HYDE, J.S.1996. Permeability of nitric oxide through lipid bilayer membranes. Free Radic. Res. 24: 343-349.

TARAKCIOGLU, C.; INAL, A. 2000. Changes induced by salinity, demarcating specific ion ratio (Na/Cl) and osmolality in ion and proline accumulation, nitrate reductase activity, and growth performance of lettuce. J. Plant Nutr. 25: 27-41.

TEIJEIRO, R.G.; DODD, I.C.; ELPHINSTONE, E.D.; SAFRONOVA, V.I.; VELIMOV AA. 2011. From seed to salad: impacts of acc deaminase-containing plant growth promoting rhizobacteria on lettuce growth and development. Act. Hort. 898: 245-252.

TORTORA, M.L.; DIAZ-RICCI, J.C.;PEDRAZA, R.O. 2011. *Azospirillum brasilense* siderophores with antifungal activity against *Colletotrichum acutatum*. Arch Microbiol 193:275-286.

TOSSI, V.; AMENTA, M.; LAMATTINA, L.; CASSIA, R. 2011. Nitric oxide enhances plant ultraviolet-B protection up-regulating gene expression of the phenylpropanoid biosynthetic pathway. Plant cell environ 34:909-921.

TUN, N.N.; HOLK, A.; SCHERER, G.F. 2001. Rapid increase of NO release in plant cell cultures induced by cytokinin. FEBS Lett 509: 174-176.

UNITED STATES DEPARTMENT OF AGRICULTURE. 1954. Diagnosis and improvement of saline and alkali soils, in Agriculture Handbook, Vol. 60. USDA, Washington, DC.

UPADHYAY, S.K.; SINGH, J.S.; SINGH, D.P. 2011.Exopolysaccharide-producing plant growth-promoting rhizobacteria under salinity condition.Pedosphere 21:214-222.

VELIOGLU, Y.S.; MAZZA, G.; GAO, L.; OOMAH, B.D. 1998. Antioxidant activity and total phenolics in selected fruits, vegetables, and grain products. J. Agr. Food Chem. 46:4113-4117.

WATERER, D.; COLTMAN, R. 1989. Response of lettuce to pre- and post-transplant phosphorus and pre-transplant inoculation with a VA-mycorrhizal fungus. Plant Soil. 117:151-156.

WAGNER, J.; ALEXANDRE, R.S.; DA SILVA NEGREIROS, J.R.; PIMENTEL, L.D., DA COSTA; J.O.; SILVA, C.H.B. 2006. Influência do substrato na germinação e desenvolvimento inicial de plantas de maracujazeiro amarelo. Ciênc. Agrotec. 30:643-647.

YAMAGUCHI, T.; BLUMWALD, E. 2005. Developing salt-tolerant crop plants: challenges and opportunities. Trends Plant Sci. 10:615-620.

YILDIRIM, E.; TURAN, M.; EKINCI, M.; DURSUN, A.; CAKMAKCI, R. 2011. Plant growth promoting rhizobacteria ameliorate deleterious effect of salt stress on lettuce. Sci. Res. Essays. 6:4389-4396.

ZAPATA, P.J.; PRETEL, M.T.; AMORÓS, A.; BOTELLA, M.Á. 2003. Changes in ethylene evolution and polyamine profiles of seedlings of nine cultivars of *Lactuca sativa* L. in response to salt stress during germination. Plant Sci.164:557-563.

ZAWOZNIK, M.S.; AMENEIROS, M.; BENAVIDES, M.P.; VÁZQUEZ, S.; GROPPA, M.D. 2011. Response to saline stress and aquaporin expression in *Azospirillum*-inoculated barley seedlings. Appl. Microbiol. Biot. 90:1389-1397.

ZHANG, J.X.; KIRKHAM, M.B. 1994. Drought stress induced changes in activities of superoxide dismutase, catalase, and peroxidase in wheat species. Plant. Cell. Physiol. 35:785-791.

7. PUBLICACIONES INTERNACIONALES Y PRESENTACIONES A REUNIONES CIENTÍFICAS EMANADAS DE LA PRESENTE TESIS.

7.a Publicaciones internacionales

1. **Fasciglione G**, E M Casanovas, A Yommi, RJ Sueldo and CA Barassi. 2012. *Azospirillum* improves lettuce growth and transplant under saline conditions. **Journal of the Science of Food and Agriculture 92: 2518-2523**.

2. **Fasciglione G**, E M Casanovas, Victoria Quillehauquy; Alejandra K Yommi; María G Goñi; Sara I Roura; Carlos A Barassi. 2015. *Azospirillum* effects on growth, product quality and storage life of lettuce plants grown under salt Stress. **Scientia Horticulturae 195:154–162**

3. Casanovas EM, **Fasciglione G**, and C Barassi. 2015. *Azospirillum spp*. and Related PGPRs Inocula Use in Intensive Agriculture. **Handbook for Azospirillum, Technical Issues and Protocols**. **25: 447-467.** Springer International Publishing Switzerland, DOI 10.1007/978-3-319-06542-7_25

7.b Presentaciones a reuniones científicas nacionales e internacionales

1. **Fasciglione G**, Borrajo MP, Quillehauquy V, Yommi A, Lobato MC, Amenta M, Creus C, Casanovas M, Barassi C. 2015. Utilización de *Azospirillum brasilense* en la producción de plantines de lechuga en condiciones de salinidad. 3er Congreso Argentino ce Microbiología agrícola y ambiental. Libro de resúmenes: pag 116. Bs. As. Argentina.

2. **Fasciglione** Gabriela, Casanovas Mabel, Quillehauquy Victoria, Yommi Alejandra, Borrajo Paula y Barassi Carlos. 2015. Efectos de la inoculación con *Azospirillum* sobre la calidad y el comportamiento poscosecha de lechuga cultivada bajo estrés salino. Jornadas Argebtinas de Biología y tecnología postcosecha. Libro de resúmenes. Pag: 22. Balcarce, Bs As.Argentina

3. **Fasciglione G.**, Casanovas E.M., Yommi, A., Quillehauquy V. and Barassi C.A. 2014. *Azospirillum brasilense* effects in lettuce growing under saline stress: physiological status and nutritional quality at harvest and postharvest. 2do Taller Latinoamericano sobre Rizobacterias Promotoras del Crecimiento Vegetal. Libro de resúmenes: pág. 157. La Falda. Córdoba, Argentina.

4. **Fasciglione G**, Casanovas M, Yommi A, Quillehauqui V, Roura S y Barassi C A. 2013. Estrés salino, calidad nutricional y comportamiento postcosecha, en lechuga inoculada con *Azospirillum*. II Conferencia Iberoamericana de interacciones beneficiosas microorganismo-planta-ambiente (II IBEMPA)-XXVI Reunión latinoamericana de rizobiologia. Sevilla, España.

5. **Fasciglione, G**; Poo J., Casanovas M., Sueldo, R., Sceh S., Aparicio, V., Yommi A., Quilleauqui V., y Barassi C. 2013. Inoculación de semillas de lechuga con *Azospirillum brasilense*, reversión de los efectos negativos del estrés salino sobre la nutrición mineral de la planta. Pag.430. ISBN: 978-987-99004-1-3

6. **Fasciglione, G**; Casanovas, M Yommi, A, Quillehauquy V y Barassi, C. 2012. Incidencia de la interacción Azospirillum-planta sobre la calidad nutricional y el comportamiento durante la postcosecha, en lechuga expuesta a estrés salino. VII Congreso Iberoamericano de Tecnología Postcosecha y Agroexportaciones. ISBN: 978-950-34-0926-8. La Plata, Bs As. Argentina

7. **Fasciglione, G,** M. Casanovas, A. Yommi, L. Carrozzi, V. Quillehauquy, R. Sueldo and C. Barassi. 2012. *Azospirillum* effects on lettuce exposed to salt and transplant stresses. 9th International and 1st Latinamerican PGPR workshop, Medellín –Colombia.

8. **Fasciglione G,** Casanovas EM, Carrozzi L, Yommi A, Quillehauquy V y Barassi C. *Azospirillum* como paliativo del estrés salino en lechuga. 2012. Pag: 506. ISBN: 978-987-97812-9-6

9. **Fasciglione,G**; EM Casanovas, A Yommi, V Quillehauquy, L Carrozi y C A. Barassi. 2011 Promoción del crecimiento en lechuga inoculada con *Azospirillum brasilense* y sometida a condiciones de estrés salino y de transplante. XXV ReuniónbLatinoamericana de Rizobiología y I Congreso Nacional de Organismos Promotores del Crecimiento Vegetal., Piriápolis, Uruguay.Pág.: 70.

10. **Fasciglione,** G.; Casanovas, M., Yommi,A., Quillehauquy, V. y Barassi, C. Efectos del estrés salino sobre el rendimiento y contenido de ácido ascórbico, en lechuga inoculada con Azospirillum brasilense. 2011. Pag: 290 ISBN: 978-987-97812-8-9

11. **Fasciglione,** G.; Casanovas, M., Sueldo, R. y Barassi, C. 2010. Germinación de semillas de *Lactuca sativa* L. inoculadas con *Azospirillum brasilense y* sometidas a estrés salino. Libro de resúmenes de la XXVIII Reunión Argentina de Fisiología Vegetal. Pag 126.

12. **Fasciglione,** G.; Casanovas, M., Sueldo, R. y Barassi, C.2010. Semillas de *Lactuca sativa* L. inoculadas con *Azospirillum brasilense*: *germinación y crecimiento inicial en invernáculo*. Libro de resúmenes de la XXVIII Reunión Argentina de Fisiología Vegetal.Pag 126.

Kolibri 360 GmbH
Ferdinand-Jühlke-Straße 7
99095 Erfurt, Deutschland
produktsicherheit@kolibri360.de

Druck:
CPI Druckdienstleistungen GmbH
im Auftrag der
Kolibri 360 GmbH
Ferdinand-Jühlke-Str. 7
99095 Erfurt